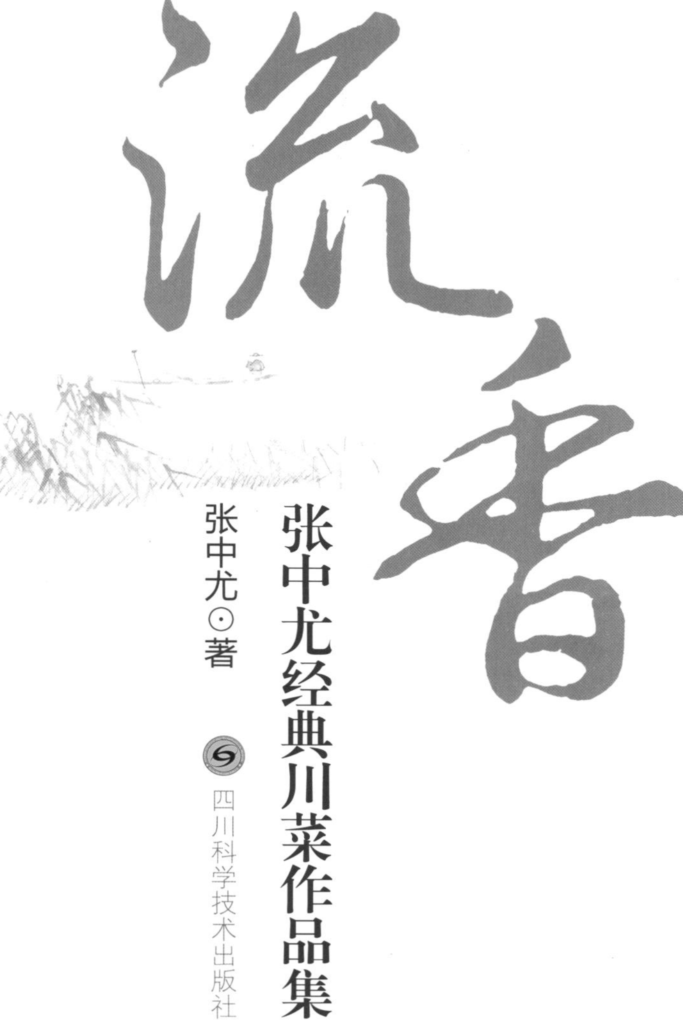

流香

张中尤经典川菜作品集

张中尤◎著

四川科学技术出版社

图书在版编目（CIP）数据

流香：张中尤经典川菜作品集 / 张中尤著. -- 成都：四川科学技术出版社, 2021.11

ISBN 978-7-5727-0353-9

Ⅰ. ①流… Ⅱ. ①张… Ⅲ. ①川菜—菜谱 Ⅳ. ①TS972.182.71

中国版本图书馆CIP数据核字(2021)第233365号

特别鸣谢：本书菜品图片由成都大蓉和餐饮管理有限公司倾力拍摄

流香：张中尤经典川菜作品集

LIUXIANG: ZHANGZHONGYOU JINGDIAN CHUANCAI ZUOPINJI

张中尤 著

出 品 人 程佳月
责任编辑 程蓉伟
出版发行 四川科学技术出版社
装帧设计 程蓉伟
封面设计 程蓉伟
责任出版 欧晓春
制　　作 成都华桐美术设计有限公司
印　　刷 成都市金雅迪彩色印刷有限公司
成品尺寸 210mm × 260mm
印　　张 14.5
字　　数 200千
版　　次 2021年11月第1版
印　　次 2021年11月第1次印刷
书　　号 ISBN 978-7-5727-0353-9
定　　价 198.00元

经典是岁月的沉淀
流香是匠心的回望

自序　让川菜永远流香

川渝地区地大物博、人杰地灵、风和水润、食材丰富，这为川菜的衍生和发展打下了坚实的基础。两千多年前，古人修建的都江堰水利工程和滚滚长江及其众多的江河流域与巍巍雄山，更是滋养了川渝的大地和人民，聪颖勤劳的川渝人民也创造出了享誉世界的川菜。深受国内外人士喜欢的川菜，经历了古代川菜、近代川菜、现代川菜几个大的发展历程，延续至今，已有上千年历史。

川菜，是川渝地区人民的智慧结晶和共同财富。川菜历史悠久，味别、味型丰富，烹饪技法多样，菜品繁多，菜肴、点心、小吃、火锅在国内外享有盛誉，也是我们中国烹饪技艺、烹饪文化的瑰宝之一。

我从1961年开始学习川菜技艺，从事川菜烹饪工作已经六十年了。六十年来，我从一个学习川菜烹饪技艺的学生，逐步成长为一名在国内外实践和传播中国川菜技艺、川菜文化的川菜工作者。这让我感到十分自豪。

我现在有数十名徒弟，并有四代技艺传人。在我的徒弟和各代弟子中，有从事川菜烹饪技艺工作的技师，也有从事餐饮企业经营管理的企业家和院校教学的专业老师。改革开放四十多年来，我和我的弟子，有许多人先后在祖国各地和世界五大洲的数十个国家从事川菜烹饪工作，为传承川菜技艺，弘扬川菜文化，做出了不懈努力，在各自的工作岗位上都取得了令人满意的成绩。

时代在进步，人民生活水平在不断提高，这对川菜的继承、创新与

发展，都提出了更高的要求。我作为从事川菜工作多年的老工作者，深感传承责任的重大。随着年岁的不断增长，这种责任感也与日俱增。与此同时，我也更加怀念那些曾经帮助和教导过我的老一辈川菜大师们，特别感恩我的两位师父，一位是教我川菜白案技艺的林家治老师，一位是教我川菜红案技艺的李德明老师。虽然两位德艺双馨的师父已过世多年，但是，他们传授于我的高尚品德和精湛技艺，让我受益终生，没齿难忘。把老一代川菜大师们的传统经典川菜烹饪技艺和川菜历史文化留存下来，传承下去，使之发扬光大并流芳于世，造福于人民，这是我撰写此书的初衷和目的。这既是我对老一辈川菜大师们的追念和感恩，也是我作为一个老川菜工作者义不容辞的责任。本书取名为《流香——张中尤经典川菜作品集》的含义就在于此。

我把自己从厨六十年来所学的川菜烹饪技艺，包括川式点心、小吃制作技艺中的部分菜肴、点心，乃至一些在传承基础上加以创新的菜肴、点心编写成书，供大家交流。在本书写作期间，基于继承和弘扬川菜技艺、川菜文化的目的，我在中国著名的餐饮企业“成都大蓉和餐饮集团公司”做了为期四年的义务“经典川菜培训教学”工作。让年轻一代厨师能够更多地了解那些如今已鲜于面世的经典川菜与川点，学习和掌握这些川式菜点的烹饪技艺，让他们更深入地了解川菜历史和文化，并使之传承下去，得以创新和发展，让川菜焕发出更强盛的生命力。

四年的经典川菜义务培训教学工作，也为写作本书提供了部分文字和图片的铺垫和准备。真没想到，几年的义务教学工作，竟然取得了“无意插柳”的效果。

书中所涉及的川菜、川点，都有详细的主料、辅料及调味料的组合搭配，还讲解了烹饪环节中的关键技术细节及要点，记述了不同菜品的成菜特点和风味要求，让学习者更容易理解、学习和掌握。

川菜烹饪技艺综合了烹饪工艺、食材原料、营养价值、制作工艺审美、器皿审美、就餐环境审美、菜点配搭、烹饪文化、地域文化多方面知识。我们要从川菜的色、香、味、型、器(餐具)、质(原辅料)、养(食品的营养价值)等方面来传承与创新川菜。同时还要结合众多的现代食材、新的调味品及现代烹饪加工设备，现代烹饪加工工艺，乃至市场变化与需求，消费者的喜好等因素来综合考虑川菜的传承与创新发展。

本书辑录了一百二十道经典川菜和川点。川点部分，是我的白案师父、被称为“面状元”的林家治大师，在五十多年前亲授于我的。其中特别珍贵的是四川独特的米制品点心，以其做工精细、精美玲珑、味别多样，可谓川点当中的精粹之作。林家治师父传授于我的凤尾酥、层层酥鲜花饼、大刀金丝面等数十种难度较大、工艺复杂的川式点心和小吃，我也精选了其中一部分，在书中专此记述，以不致失传。

在我们川菜行业中，学习烹饪技艺十分注重师承和师门关系。当年，为了不断地提高自己的川菜红案技艺，我在白案师父林家治老师的引荐下，又拜川菜烹饪行业著名的红案大师李德明老师为师父(在四川餐饮行业中，这种做法叫“参师”)。李德明师父曾多次到四川的国宾馆为时任的党和国家领导人烹制川菜，并受到领导的表扬。

在李德明师父的悉心指导下，我认真学习与领会他教给我的川菜技艺，力求做得更好，使自己的川菜红案技艺得到了极大的提高。为了纪念李德明师父，我在书中辑录了清汤胡蝶竹荪、红烧三丝鸭卷、神仙鸭子、凉粉鲫鱼、包烤酿鱼、干煸冬笋、三色锅贴鱼、如意竹荪肝膏汤、

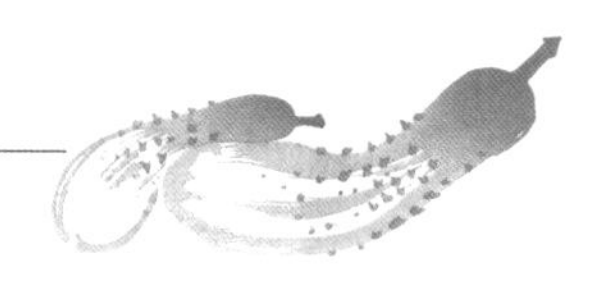

鱼香油淋鸡、金钱鸡塔、肝油海参、海味什锦等菜品，这些经典传统川菜的烹饪技艺，均来自于李德明师父的口传亲授，其中一些经典菜品如今已很难一见。

本书中也有我三十多年前在埃及、美国、加拿大、日本、德国工作期间，结合当地食材和川菜味型而制作的创新川菜，如鱼香酥皮虾排、芙蓉虾球、鱼香菊花鲜贝、三色烩鲜贝、金沙龙眼瓜卷、鲜虾瓜方、泡椒干烧牛柳等。川菜是一个既有传统，又有创新的中国著名菜系。我们一代又一代的川菜厨师在继承传统的基础上，不断创新发展，为川菜注入了新的思想、新的烹制方法、新的味型，研发出新的菜品，让古老的川菜焕发出旺盛的生命力和广阔的发展空间。

川菜必将在继承传统的基础上不断创新发展。让川菜流香于世，流芳于世而永续传承，既是川菜产业发展的宏大愿景，也是广大川菜美食爱好者的美好心愿。

在本书编写过程中，得到了成都大蓉和餐饮集团董事长刘长明先生，集团公司刘宇、赵炎、谢宇、谢霏霏、李文等老师的大力支持与帮助。在菜品拍摄及制作过程中，得到了大蓉和各门店及成都“钦善斋”食府李丹梅女士的大力支持和协助。在本书的编写过程中，得到了四川科学技术出版社程蓉伟、丁大镛两位老师的指导与关心。在此，还要感谢湖南彭子诚老师、“子非”谢超先生和“北山致诚”崔峰豪先生的关心与支持。

并对本书编写中给予我关心与帮助的各位朋友、同仁一并致谢。

2021年2月26日于成都

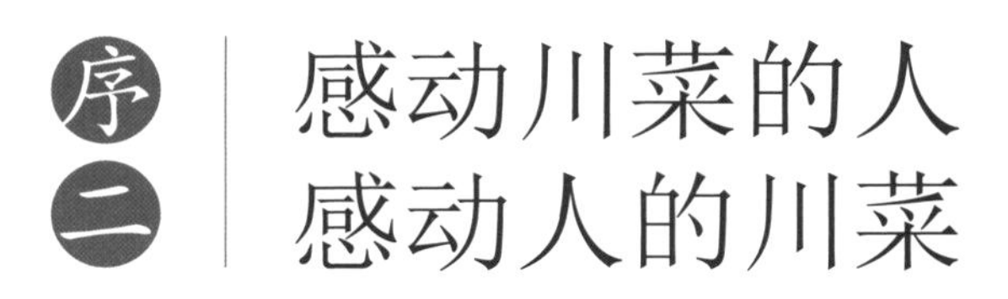

张中尤老师从13岁半工半读进入川菜烹饪行业，师承“面状元”林家治、川菜名师李德明，精通红白两案，在半个多世纪的摸爬滚打中，技艺精湛，成就斐然。他是国家特一级烹调师、中国烹饪大师，曾担任联合国中国代表团厨师长，当选为四川省劳动模范和成都市第九届、第十届人大代表，是德艺双馨的典范，受到广泛敬重，其心境淡然的修为，温文尔雅的气质，被誉为“一代儒厨”。

2008年，张老师退出一线。退休前的十几年里，他在美国、日本、德国等地传播川菜文化，与家人聚少离多，退休后想多陪陪他们。为此，他深居简出，谢绝了很多餐饮企业的邀请，只偶尔露面参加政府和行业组织的活动。然而，功成身退并不意味着万事无忧。他仍有一桩未了的心事：忙碌了几十年，掌握了那么多绝活，却一直没有系统整理成可供传承的资料。反观市场，很多传统经典川菜没人做、没人卖，渐渐远离了人们的视线。长此以往，一代代优秀厨师传下来的川菜技艺，将无人接棒，继而无声无息地断代、消失。为此，他多次在政府和行业会议上呼吁，希望重视整理传统经典川菜。他的呼吁得到了广泛支持，但落实起来却很难。在张老师看来，传统经典川菜的整理不是政府拨一笔钱，找几个名师就能做好的，也不能交给徒弟了事，而应该交到企业手上，有人做，有人卖，才能真正发挥价值。但如果企业只是为了挣钱，也不可能全心全意传承，无法实现自己的初衷。

我与张老师认识后，听他说，他的两位技艺高超、声名显赫的师父，虽有一身本事，但做了说了也就了了，没留下可供后人学习的文字和图片资料。我也深有同感。我父亲是川菜特级厨师，长期在省级机关工作，厨艺精湛，颇具名望，我开餐馆时得到他很多点拨，但父亲的技艺因无图文记载，也随着他的离世而消失。当年的口授心传，在我的脑海里只留下零星碎片，非常遗憾，却无可挽回。

这些共同的遗憾和心愿，是我们一拍即合的基础。

在我的邀请下，张老师经过考察，决定在大蓉和进行传统经典川菜义务教学活动。

张老师能做几百种经典川菜和几十种传统点心，是一座川菜的宝库。但他已年过七旬，把这些菜品和点心全部都做出来，殊非易事。但他说："现在我还做得动，今后想做都难了"，他还说："川菜源远流长，名师辈出，汲取各地方菜系精华而成，就像涓涓细流汇聚成的大河。我只是把我熟悉的，以前经常做的一部分奉献给大家。"

烹饪教学必须有坐功、腿功和手功。坐功是查阅资料、编写教案；腿功是四方调研、采买食材；手功是亲力亲为、动手示范。

编写教案是一项艰苦的工作。张老师参考了多种川菜烹饪资料，如20世纪60年代商务部饮食服务局出版的《中国名菜谱》川菜专辑，20世纪80年代成都市西城区商业学校的蜡板油印资料，以及其他年代出版的多种烹任类书籍，并结合师父的传授和自己多年的烹饪实践，最终确定教学内容。川菜门派众多，各师各教，做法不尽相同。如八宝锅蒸，教材中有纯面粉制作、面粉和米粉混合制作及清真制作三种。他根据自己的烹制心得，选择符合现代消费习惯的方法，以面粉和米粉混合制作为主，再综合其他做法的优点形成教案。这是一个去芜存菁集大成的过程，没有深厚的功底根本无法完成。

张老师的教学课，定为每半个月一次，先阐述理论，后演示制作。半个月似乎不短，但做好周全的教学准备还是很紧张的。教案编写，食材准备，餐具选择，都费时费力。上课时要站三四个小时，动口动手，聚精会神，精力和体力消耗很大。他说："一干起活来，就不晓得累，但课后要三天才能缓过劲儿来。"特别是夏天，厨房温度高达40多度，张老师一如既往地将工作服穿得整整齐齐，厨帽戴得端端正正，一堂课教下来，背心都能拧出水来。

我们见张老师教学辛苦，提议请他的徒弟来做，他从旁指点就行了。但他说："徒弟跟我的时间段不一样，每个人只熟悉一段时间的菜。在菜品的理解和构思上也有不同，即使徒弟做出来了，也不见得能表达出我想要的效果。"

教学中，张老师强调学习传统，但不拘泥于传统，鼓励学员在掌握要领的基础上举一反三。他教的许多菜就是在师父传授的基础上改良而来，如"鱼香虾排""宫保虾球""蝴蝶竹荪汤"等。所以他一再强调，应该在传统的基础上大胆创新，只要改得好就应该认可。

如鱼香虾排，过去用面包糠包裹虾仁，而为满足虾仁香酥爽滑的口感，在他的指导下，紫荆店学员改用日本天妇罗代替面包糠，成菜不顶牙，口感更柔和，张老师给予了肯定；双楠店学员试做"清蒸杂烩"，把原来的蛋皮改成蛋饺，食材增加了响皮，菜品丰满诱人，更贴近市场，得到张老师的表扬。

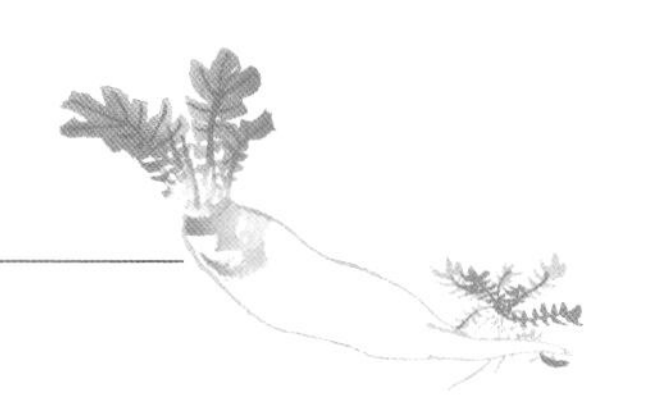

四年来，张老师共教授了两百多道传统经典川菜。高超的技艺，精美的作品，展现了川菜的博大精深和多姿多彩。年轻厨师都表示：“张老师的教学让我们打开了眼界、增长了见识、学到了手艺、注入了底气、增强了动力。”

培训教学含辛茹苦，张老师却不取分文报酬。他几次对我说：“你再提付课时费的事，我就不来了！”这种不为名利，只为川菜传承的精神，在当今社会，实在是难能可贵。他把川菜传统技艺视为自己一生的执念与追求，铸成无私忘我的炽热情怀，这让我们真正感受到传承的温暖和力量。

2020年12月，在张老师义务教学结业典礼上，四川省烹饪协会高朴秘书长带着敬仰的心情说：“张老师是感动川菜的人！”

不知传统谈何传承，没有传承何以创新？当我们遇到瓶颈，希望再度提升时，却发现必须回过头来，老老实实学习川菜最经典、最精华的传统技艺。新派川菜搞了三十年，正本清源已是大势所趋，否则终将成为无源之水，无根之木。越是高端，越崇尚传统，这才是川菜发展的正解。

2018年，张老师的回忆录《回望炊烟》出版，书中记录了他的人生经历、学习心得、工作实绩和心路历程，一经问世便在业界和国内外读者中引起巨大反响。今天，我们很高兴地看到张老师第二本专著《流香——张中尤经典川菜作品集》问世。张老师几十年积累起来的精湛厨艺，在这里毫无保留地全盘托出，说的全都是过筋过脉、鲜为人知的技术秘籍。既有很强的专业性，又有赏心悦目的观赏性；既可作为川菜烹饪技艺的教材，又可作为川菜文化的珍藏典籍。欣慰之余，我要衷心感谢张老师的辛勤付出！

我相信，“流香”将流入你的心里，流向川菜更辉煌的未来！

2021年8月27日于成都

目录

九色攒盒

烹饪原料

熟盐水鸡脯肉100克　熟烟熏鸭脯肉100克　卤牛舌100克　熟猪腿肉100克　皮蛋3个　大红椒100克　熟冬笋100克　小青椒20克　醪糟20克　炒食盐25克　大白萝卜1根　红萝卜2根　去皮青笋2根　大葱2根　蒜泥20克　味精1克　白糖20克　炝干辣椒油30毫升　复制红酱油30毫升　香油10毫升　白醋1毫升　花椒油1毫升　红油辣椒20克

烹饪步骤

1. 熟盐水鸡脯肉切成长约4. 5厘米、宽约2厘米、厚约1. 5厘米的长条；熟烟熏鸭脯肉切成长约4. 5厘米、宽约3. 5厘米、厚约1. 5厘米的菱形块；卤牛舌切成长约4. 5厘米、宽约3. 5厘米、厚约0.4厘米的大片；熟猪腿肉切成长约8厘米、宽约4. 5厘米、厚约0.2厘米的大片，包入葱丝后裹成卷。
2. 青笋切成长约4. 5厘米、宽约2. 5厘米、厚约0.4厘米的大片，再在距青笋片两头各1厘米的居中位置竖切一刀，长度约2. 5厘米，先用炒食盐、味精腌渍片刻，再将一头从中间的刀口中穿过。

3. 熟冬笋切成长约4.5厘米、宽约3.5厘米、厚约0.5厘米的大片，用食盐、醪糟汁拌入味待用。
4. 白萝卜去皮、洗净，取其中段，用刀片成长约8厘米、宽约5厘米、厚约0.1厘米的大片，用炒食盐码制入味；红萝卜去皮、洗净，切成长约8厘米的细丝，用炒食盐码制入味；将白醋、白糖、炒食盐兑成糖醋味汁。
5. 在白萝卜片的中间包裹上红萝卜丝，然后卷紧成条形，先切成长约3厘米的马耳朵形，再淋上兑好的糖醋味汁。
6. 皮蛋去壳，洗净后揩干水分，按皮蛋的长度切成8瓣月牙形；小青椒洗净后烧熟、剁细，用复制红酱油、味精、香油拌匀，放入攒盒的小盒中垫底。
7. 大红椒去籽，切成两边长约5厘米、底边宽约3.5厘米的长三角形，在三角形的长边用小刀划6～7刀，先入开水中汆断生，再入冷开水中漂冷，然后用炒食盐、炝干辣椒油、花椒油、味精拌匀。
8. 在九色攒盒中间的圆盘中放入白萝卜卷，并摆成睡莲形，然后再将其他食材按照颜色、荤素的不同，间隔放入其余八个小盘中。
9. 最后在猪肉卷上淋入用红油辣椒、复制红酱油和蒜泥调好的味汁，将大红椒划刀的一头卷成佛手形摆入即成。

烹饪细节

1. 攒盒又称为"捧盒"，有五色、六色、七色、九色、十三色之分，是我国人民传统生活中用于摆放干果、蜜饯、小点心的盛器。
2. 攒盒中的各种食材一定要摆放整齐、美观，不要含太多汁液，以免影响成菜色泽（制作攒盒的食材和味型可灵活调整）。

椒麻鸡片

烹饪原料

去骨熟鸡肉250克　葱叶100克　葱白10克　食盐1克
花椒3克　冷鸡汤50毫升　香油2毫升

烹饪步骤

1. 将去骨熟鸡肉片成大片；葱叶加食盐、花椒剁成椒麻泥；葱白切为长约2厘米的箭头形摆入盘中。
2. 将鸡片放入盘中的葱白上摆成形；在椒麻泥中加入食盐、冷鸡汤、香油调成椒麻味汁，淋在盘中的鸡片上即成。

烹饪细节

1. 煮鸡肉时最好加一点食盐，以保证鸡肉入味。
2. 制作椒麻泥应加入适量青葱叶，以突出其青翠的色泽，也可用青花椒油替代花椒。

怪味鸡丝

烹饪原料

去骨熟鸡腿肉350克　大葱白25克　花椒粉1克（或花椒油1毫升）
白糖18克　白芝麻26克　芝麻酱10克　红油辣椒50毫升
香醋10毫升　酱油50毫升　香油10毫升　醪糟汁3毫升

烹饪步骤

1. 将去骨熟鸡腿肉切成约0.7厘米见方，长约7厘米的粗丝（俗称“小筷子条”）；大葱白切成长约7厘米的粗丝；将白芝麻入锅炒至发出“噼啪”声后出锅，取其中一半用擀面杖擀细，再放入钵内捣成细末；用少许香油将芝麻酱调成糊状。
2. 取一小碗，先放入芝麻酱、醪糟汁、白糖、香油、香醋、酱油、花椒粉、红油辣椒搅匀，再放入芝麻末调匀成味汁。
3. 准备一只长条形平盘，在一端点缀上可食用花草，另一端以大葱白粗丝垫底，再整齐覆盖上鸡丝，先在鸡丝上淋入调好的味汁，然后淋入少许红油提色，最后撒上余下的熟芝麻粒即成。

烹饪细节

1. 这道菜的传统做法，是将宜宾糟蛋捣蓉后直接拌入，但由于糟蛋成本较高且不易购买，所以用醪糟汁代替。以前的做法，在煮制鸡肉的时候不放食盐，只放少许姜、葱提味，其实，在煮制鸡肉的时候加入一些食盐，可使鸡肉更加入味。还有一种传统做法，是鸡腿肉、鸡脯肉各占一部分。由于鸡肉品质等原因，现在餐厅在制作这道菜时，大多全用鸡腿肉，口感相对更好一些。
2. 调味所用的白芝麻采用两种加工方式，一部分是捣成细末后直接用于调味；另一部分是淋入味汁后撒在鸡丝上。白芝麻末应现调现用，这样方可保留其香味。
3. 调制好的怪味汁应比二流芡稍微浓稠一点，分量也可稍多一点，以吃完鸡丝后盘中还能剩一点汁水为宜，这样会粘味一点。
4. 调制怪味汁时，必须让白糖充分溶解，否则味道不匀且影响口感，需要特别强调的是，制作此菜切不可放味精。

冒拌蒜泥白肉

烹饪原料

连皮猪二刀腿肉500克　大蒜50克　香葱20克　食盐2克

红辣椒油100毫升　清汤2000毫升　复合甜红酱油100毫升

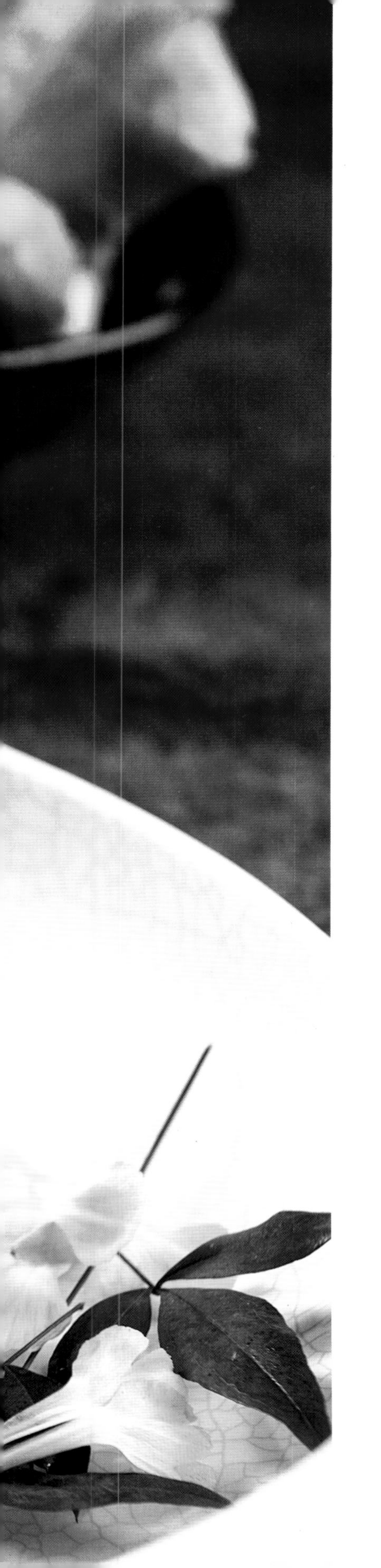

烹饪步骤

1. 将连皮猪二刀腿肉去尽残毛，刮洗干净后用保鲜膜包好，入冰箱中急冻；香葱切成细葱花；大蒜制成细蒜泥；复合甜红酱油与红辣椒油（80毫升）、食盐调制成咸味料。
2. 取两口汤锅，各注入一半清汤烧开，取出冻好的猪腿肉，用刨片机刨成长约12厘米，宽约6厘米，厚约0.2厘米的大薄片，趁肉片尚未互相粘连时，放入第一口汤锅中汆至断生后捞出，然后再放入第二口汤锅内汆至全熟，捞出后沥干水分，摆入盘中待用。
3. 将咸味料与细葱花、细蒜泥拌均成红油蒜泥汁，淋在白肉上拌匀，再淋上剩余的红辣椒油即成。

烹饪细节

1. 将生肉片放入第一口汤锅中汆烫是为了去除血水；再入第二口汤锅中汆烫是为了使肉片成熟，同时吸收汤汁的鲜味，使肉质更香，且不腻口。
2. 由于拌好的红油蒜泥汁色泽并不够红亮，最后在拌好的肉片上淋入少许红辣椒油，可使成菜色泽更为红润，也能增加菜品的食欲感。
3. 调味一定要用蒜泥，而不能用蒜粒，否则不利于着味。

陈皮兔块

烹饪原料

去骨兔腿肉700克　鲜陈皮15克　生姜18克　大葱13克　干辣椒50克　花椒4克
食盐4克　白糖15克　香醋3毫升　酱油13毫升　料酒15毫升　香油16毫升
红辣椒油30毫升　清汤50毫升　精炼油1000毫升（约耗250毫升）

烹饪步骤

1. 兔腿肉洗净，切成约3厘米见方的块；生姜洗净、拍破；大葱洗净后切成长约6厘米的段；取一容器，将兔肉块加生姜、大葱、酱油、料酒、食盐腌码入味；干辣椒去籽，切成长约2. 5厘米的节；鲜陈皮切成边长约2厘米的方片，取少部分切成细丝待用；将白糖、香醋、食盐、清汤兑成糖醋汁。
2. 锅置火上，入精炼油烧至约六成热时，将已腌码入味的兔块去掉生姜、大葱，入锅浸炸约5分钟，待肉质呈橘红色时出锅，沥干余油待用。

3. 另起锅，倒入约150毫升精炼油烧至约五成热时，放入干辣椒节、陈皮片、花椒炒至出香，再下兔块继续煸炒至浅棕红色，起锅前烹入兑好的糖醋汁收入味，最后淋上香油、红辣椒油翻匀起锅。装盘时，将鲜陈皮丝点缀在兔块上即成。

烹饪细节

1. 在传统川菜中，陈皮兔块是一道炸收类菜品的经典之作。其制作特色是先入油锅中炸制，再用糖醋汁收入味，其目的是让主料回软，但掺入的糖醋汁水不能太多，只需保持菜品回润即可。
2. 如果在码味的时候放点陈皮水，可使兔肉的陈皮味入味更深。
3. 干辣椒节用高油温炒制时易煳，如果事先用清水浸泡片刻后再入锅，将有效缓解这一状况，只不过受热时间会稍微延长一些。由于此菜只取干辣椒的炝香味，所以让干辣椒节呈棕红色即可。

芙蓉鸡片

烹饪原料

鸡脯肉200克　熟鸡皮20克　冬笋尖20克　水发香菇15克　西红柿1个　鸡蛋清6个　绿色菜心10克　食盐2克　水豆粉35克　味精2克　葱姜水20毫升　胡椒粉0.2克　料酒20毫升　化猪油50毫升　鸡汤100毫升

烹饪步骤

1. 鸡脯肉洗净，去尽筋络后放入粉碎机中，分多次加入白胡椒粉、葱姜水、鸡汤、鸡蛋清、食盐、料酒（10毫升）、水豆粉（25克），与鸡脯肉一起搅打成鸡蓉糊。
2. 西红柿去皮、去心，切成菱形片；冬笋尖切成小菱形块；香菇、熟鸡皮切成片；绿色菜心洗净。
3. 将食盐、味精、料酒、水豆粉、鸡汤兑成调味芡汁待用。
4. 取一不锈钢方形平盘，在盘底均匀地抹上精炼油，然后倒入鸡蓉糊轻轻晃动，使其流淌为厚度约0.3厘米的薄糊，入笼用小火清蒸约3分钟至熟（此步骤是借助水蒸气的温度将鸡肉薄糊烫熟，所以不能用大火，如果温度过高而使其沸腾，将会产生气泡），出笼晾冷后，用刀划成边长约6厘米的菱形鸡片待用。
5. 锅置火上炙好，下化猪油烧至四成热时，将冬笋块、香菇、鸡皮入锅略炒片刻，然后掺入鸡汤烧开，再下鸡片轻推几下，略为烩制一会儿后，下番茄片和菜心推匀，最后烹入调味芡汁收汁，起锅装盘即成。

烹饪细节

1. 芙蓉鸡片是非常经典的传统川菜之一，鸡片以色白似雪为标准，烹制方法主要有冲、摊、蒸三种，其中，后两种方法较为常见。“摊”是用平底锅像摊蛋皮的方式来摊鸡片，但此方法火候不好掌握，稍不注意鸡片就会发黄，甚至边缘会煳，对成菜效果和口感都会造成不利影响，所以在此推荐蒸的方法。
2. 这道菜的传统做法是加火腿片而不是西红柿，但火腿片的颜色比较暗淡，选用西红柿，一是色泽鲜艳；二是荤素搭配，营养更均衡。
3. 水豆粉与鸡蛋清的比例很关键，否则难以成形，可根据鸡蓉糊的干湿程度加入鸡汤。另外，由于此菜芡汁宜薄，所以最好选用豌豆粉勾兑。在制糊过程中不能加干豆粉，必须用水充分调稀后加入，在搅打的时候也不能用力过猛，否则容易起蜂窝眼，并影响到后续制作。

牡丹鸡片

烹饪原料

鲜鸡脯肉250克　绿色菜心10克　水发口蘑15克　鸡蛋清3个　澄粉200克
豌豆淀粉200克　味精0.5克　白胡椒粉0.3克　食盐4克　料酒2毫升
清汤80毫升　化猪油250毫升　精炼油250毫升（约耗100毫升）
芹菜叶10片　食用鲜花瓣适量　水豆粉20毫升

烹饪步骤

1. 绿色菜心洗净，入沸水锅中汆断生后迅速捞出，再用冷开水中漂冷；水发口蘑片成长约4. 5厘米的片，入沸水中汆断生；鸡蛋清搅打成蛋泡，加10克澄粉，轻轻调匀成蛋清面糊。
2. 将鲜鸡脯肉片成长约4. 5厘米，宽约4. 5厘米的薄片，再用圆形模具切成圆片，在两面粘上澄粉和豌豆淀粉，然后用小擀面棍擀为薄片，并将边缘压成荷叶形。取部分豌豆淀粉，加水调成水豆粉；用清汤、食盐、白胡椒粉、味精、料酒、水豆粉兑成滋汁。
3. 锅内入化猪油，待油温升至五成热时，将鸡片均匀地粘裹上蛋清面糊（这样可使鸡片更为松软而色白），逐一下锅炸制，同时捞出已炸好的鸡片，沥去余油待用。
4. 另起锅，下入40毫升化猪油、40毫升精炼油，待油温升至五成热时，将鸡片、菜心、口蘑片下入锅中推炒片刻，然后烹入兑好的滋汁炒匀。
5. 起锅装盘时，先用菜心、口蘑垫底，上面将鸡片交叉层叠摆放成牡丹花形，然后淋上滋汁，中间用可食用鲜花瓣做成“花心”，最后用绿色芹菜叶装饰成“牡丹叶”即成。

烹饪细节

1. 将鸡肉薄片边缘压为荷叶形的目的，是使边缘受力更好，既不易开裂，也不会影响美观。压制荷叶边时，可扑少量干粉，以不粘擀面杖为准，用力一定要轻，应边转边压，一定要确保厚薄均匀。

2. 除了要把握好油温外，油质一定要干净，否则鸡片的颜色会偏黄。

3. 制作此菜的另外一个要点，是必须保持鸡片的嫩度，千万不能太老，否则会使鸡片质地变硬，口感也会较差。

烹饪原料

净鸡脯肉150克　熟冬笋尖30克　水发香菇30克　泡辣椒15克　生猪肉抄手（馄饨）20个　绿色菜心10克　白糖10克　食盐20克　水豆粉50克　姜片10克　蒜片10克　葱白10克　料酒0.3毫升　酱油10毫升　香醋8毫升　香油1毫升　清汤250毫升　化猪油50毫升　精炼油1000毫升（约耗150毫升）

烹饪步骤

1. 鸡脯肉片成大片；冬笋、香菇均切成长约5厘米、宽约3厘米的片，入沸水中汆熟后用冷开水漂冷；泡辣椒去籽，切成长约3厘米的马耳朵形；菜心洗净；葱白切成马耳朵形。
2. 在鸡片中加入料酒、酱油、食盐、水豆粉码制入味。
3. 锅置火上，入精炼油（80毫升）、化猪油（50毫升）烧至六成热时，下鸡片滑散，再下姜片、蒜片、冬笋片、香菇片略炒一下，接着下白糖、食盐、水豆粉、葱白、料酒、酱油、香醋、清汤烧至入味，最后入水豆粉勾芡成汁，起锅装入碗内。
4. 锅内入精炼油，待油温升至六成热时，下生抄手炸至色金黄后出锅，盛入大凹盘内（略带一点烫油），上桌时淋入制好的鸡片汤汁即成。

烹饪细节

1. 由于将鸡片汤汁倒在刚炸好的抄手上会发出声响，所以此菜被称为“响铃鸡片”。鸡片汤汁最好在上菜时烹入，以保证倒在抄手上会发出声响。
2. 炸制抄手时的油温不宜过高，以中低油温为好，这样更利于保持色泽金黄。

响铃鸡片

芙蓉鸡淖

烹饪原料

鲜鸡脯肉200克　鸡蛋清5个　小西红柿1个　鸡精2克　水豆粉30克　食盐2.5克　嫩豆苗少许　白胡椒粉0.5克　料酒10毫升　化猪油200毫升　清汤300毫升　红色火龙果汁20毫升　熟大米粉团100克

烹饪步骤

1. 鸡脯肉洗净，去掉鸡皮下的一层老肉及夹缝中的筋膜后切成小块；西红柿洗净，先切成4瓣再去心，然后切成黄豆大小的丁。
2. 将鸡脯肉装入食物搅拌机，加入清汤、鸡蛋清、食盐、料酒、胡椒粉、鸡精、水豆粉搅打成鸡蓉浆。
3. 锅置火上炙好，倒入化猪油，待油温升至约七成热时，倒入调好的鸡蓉浆，用炒勺按顺时针方向轻轻推动，同时不断晃动锅体，用中火炒熟后起锅装入盘内中央，撒上西红柿丁和嫩豆苗。
4. 取三分之一熟大米粉团，加入火龙果汁揉匀成红色大米粉团；先将白色大米粉团搓成长条，再将红色大米粉团压扁包在白色大米粉团条外面，然后切成厚约1厘米，直径约4厘米的圆片做成芙蓉花瓣，在圆盘内围绕鸡淖摆成一圈即成。

烹饪细节

1. 本道菜品要求成菜应暗含骨力，能堆码起一定的高度，不能塌陷，如果堆不起来，一般有两个原因：一是加入的汤汁太多；二是水豆粉不够，这两者都会导致菜品成形不好看。
2. 在原料加工时，之所以要去掉鸡皮下的一层老肉，是因为在去除鸡毛的时候必须加以烫煮，高温之下，紧贴鸡皮下的一层肉质往往比较干老，若不去除则会直接影响到成菜效果和口感。
3. 这道经典川菜的传统做法，是将鸡脯肉放在砧板上用刀背反复捶打成泥，一边捶，一边去尽鸡脯肉中的筋膜，再加入调料处理成鸡蓉。

烹饪原料

水盆仔公鸡1只（约500克） 瓢儿白菜心150克 熟冬笋50克 青笋50克
红萝卜50克 水发香菇50克 火腿50克 金钩20克 水发鱿鱼50克
姜片20克 大葱节20克 水豆粉50克 味精3克 食盐20克 香油2毫升
酱油10毫升 料酒10毫升 清汤2500毫升 精炼油2500毫升（约耗150毫升）

烹饪步骤

1. 水盆仔公鸡洗净后，用料酒、食盐、姜片（10克）、大葱节（10克）码味20分钟，再放入沸水中汆去血水后捞出，用刀在鸡背上开一小口，将鸡头从开口处塞入鸡背中，用刀背拍断鸡腿骨，并将鸡翅盘好，揩干多余水分后抹上酱油上色备用。

什锦元宝鸡

2. 锅置火上，下精炼油烧至五成热时，将上色后的仔公鸡入锅炸成浅黄色待用。
3. 锅内入精炼油（100毫升）烧至五成热时，下姜片、葱节爆香，再下清汤、料酒、酱油、食盐，并将仔公鸡用纱布包裹好后入锅烧制。
4. 红萝卜、青笋、香菇、冬笋均切成大片，入沸水中氽熟后漂冷；火腿切为大片；菜心氽熟后漂冷。
5. 待鸡烧炉后捞出，除去纱布，装入圆盘的中间；在锅内汤汁中下入红萝卜、青笋、香菇、火腿、金钩、鱿鱼、水豆粉、食盐、香油、酱油、料酒，待烧至入味后，汤汁留在锅中，仅将配料出锅，围在鸡身周边，再沿盘边围上一圈菜心。
6. 锅内汤汁烧开，先下味精搅匀，再用水豆粉勾成二流芡，最后淋入香油，出锅后将汤汁浇淋在鸡身和配料上即成。

烹饪细节

此菜名为“什锦元宝鸡”，因此应力求鸡身形整不烂、表皮不破，保持“元宝”的形态完整、美观，各种配料的色泽搭配也应协调一致。

烹饪原料

水盆仔公鸡1只（约600克）　猪网油200克　绿色菜心200克　大红灯笼甜椒500克　二荆条辣椒50克　姜片50克　食盐25克　大葱节50克　水豆粉50克　香油15毫升　料酒50毫升　精炼油2500毫升（约耗150毫升）

烹饪步骤

1. 水盆仔公鸡清理干净后，在其背部开一刀，将鸡头反过来从开口处塞入鸡背内，用刀背敲碎鸡腿骨，加姜片、大葱节、料酒、食盐码味20分钟，然后放入五成热的油温中炸至金黄色后待用。
2. 二荆条辣椒和一半灯笼甜椒去籽后剁成细泥，拌和均匀后将其均匀地涂抹在鸡身上。
3. 将猪网油洗净后覆盖在鸡身上，装入圆盘内用保鲜膜封好，上笼蒸至鸡肉炖软后出笼，揭去猪网油放入盘中，蒸鸡原汤待用。
4. 将绿色菜心汆水后围在鸡身周围；另一半大红灯笼甜椒切成四瓣，再改刀为佛手形后汆一水，盖在菜心上围成灯笼形；滗出蒸鸡的原汤，用水豆粉收浓，加入香油，出锅后淋在鸡身上即成。

烹饪细节

1. 敲断鸡腿骨，既是为了便于将鸡身整理成圆润的形态，也利于烹制时更快成熟。
2. 蒸制过程中不能断火，必须一次成熟。
3. 如果没有猪网油，也可改用猪肥膘肉，这样做的目的，是为了让鸡肉在烹饪过程中不易开裂，既可增添油气，也能让成菜后的鸡肉口感更滋润。

吉庆
灯笼鸡

鱼香油淋鸡

烹饪原料

水盆仔公鸡1只（约1000克） 生菜丝100克 食盐5克 细姜粒50克 细蒜粒18克 葱花50克 白糖20克 去籽泡辣椒50克（用刀剁细） 酱油70毫升 香醋15毫升 香油25毫升 红辣椒油50毫升 料酒20毫升 精炼油1000毫升（约耗100毫升）

烹饪步骤

1. 水盆仔公鸡洗净后斩去足、翅，从背部剖开，抹上料酒、姜、葱、少许食盐腌渍入味；将酱油、香醋、白糖、泡辣椒、姜粒、食盐、蒜粒、葱花、红辣椒油调匀成鱼香味汁。
2. 拣去腌渍仔公鸡的辣椒、姜、葱，搌干水分；锅内下精炼油烧至五成热时，将鸡入锅炸1分钟后起锅，然后放在漏勺中，继续用六成熟的精炼油淋炸至浅棕色后方可，然后宰成“一”字条装盘，刷上香油。
3. 取一小盘，装上生菜丝随油淋鸡上桌，将鱼香味汁浇淋在鸡条上即成。

烹饪细节

1. 制作此菜应选用嫩仔公鸡，基础加工时需要码一点底味。淋炸时的油温不宜太高，以免鸡皮颜色变得太深而影响美观。
2. 此菜又名“生拌鱼香油淋鸡”，是因为鱼香味汁没有经过熟制，而是采取冷拌调制的方式，故不能入锅烹制。

红油银芽鸡丝

烹饪原料

鸡腿肉250克　绿豆芽100克　蒜泥5克　味精1克　酱油20毫升
白糖2克　大葱20克　食盐2克　红辣椒油30毫升　香醋1毫升

烹饪步骤

1. 鸡腿肉入锅，加入清水、食盐、姜片、葱段（10克）、料酒煮熟后捞出晾冷，去除鸡腿骨，再切成粗约0.4厘米、长约6. 5厘米的丝。
2. 绿豆芽洗净，摘去两头的芽瓣及芽根，入沸水中氽断生后捞出，滤干水分，撒入少许食盐拌匀；大葱（10克）切成长约5厘米的葱丝。
3. 将蒜泥、味精、白糖、食盐、红辣椒油、酱油、香醋兑成滋汁；取一只圆盘，将豆芽沿盘边围摆成圆形，在中间放入鸡丝，并堆码出一定的高度，然后将兑好的滋汁淋在鸡丝上，再放上葱丝即成。

烹饪细节

1. 此菜所用鸡肉既不能太老，也不能带骨。
2. 绿豆芽应去掉两端，只用中段。

姜汁热窝鸡

烹饪原料

熟鸡肉500克　生姜20克　葱15克　水豆粉15克　食盐2克　香醋20毫升　酱油15毫升　红辣椒油40毫升　清汤120毫升　精炼油100毫升

烹饪步骤

1. 熟鸡肉去大骨，斩成长约5厘米，宽约2厘米的条；姜切成细粒（如果想入味更深，可将生姜打成姜泥）；葱切成细葱花。
2. 锅内入精炼油烧至六成热时，下姜粒炒香，再将鸡条入锅煸炒约3分钟，然后下食盐、酱油，掺入清汤，用小火烧5分钟至鸡条入味，再加香醋略烧片刻，之后入一半葱花翻匀，下水豆粉收汁。
3. 起锅前淋入红辣椒油，再撒入剩下的一半葱花翻匀，起锅装盘即成。

烹饪细节

1. 烹饪此菜的鸡肉可选用三黄鸡，最好能稍微带点儿韧性，又能保持一定的嫩度，这样口感才不至于太柴。
2. 煮鸡的火候以刚刚断生无血水即可，如果煮的时间偏长，一是鸡肉收缩度过大；二是烹饪加工后口感会变老。
3. 在烧制鸡块时，一定要将底味（盐味）加足。
4. 此菜的重点是突出姜汁味，并略带醋香。
5. 此款姜汁热窝鸡的另一种传统做法，是先将鸡肉斩成条后定碗，再加调味料入笼蒸制，最后滗出汤汁后勾芡挂汁。

鱼香八块鸡

烹饪原料

去骨鸡腿肉500克　鸡蛋2个　香葱50克　泡辣椒50克　生姜30克　香醋15毫升
豆粉60克　水豆粉15克　酱油15毫升　料酒10毫升　香油2毫升　清汤60毫升
大蒜35克　食盐3克　白糖15克　胡椒粉2克　精炼油1000毫升（约耗150毫升）

烹饪步骤

1. 鸡腿肉用刀片平整，再用菜刀尾尖在鸡腿肉上均匀地戳一些小孔（目的是使鸡肉易熟，且入味更佳），再切成约3.5厘米见方的块，用姜片（5克）、葱段（5克）、胡椒粉、料酒、食盐码味待用。
2. 泡辣椒去蒂、去籽后剁细；香葱切成细葱花，生姜、大蒜分别剁成细粒；将鸡蛋、豆粉调成全蛋豆粉，再放入鸡块抓拌均匀；用白糖、酱油、香油、水豆粉、清汤兑成滋汁。
3. 锅内入精炼油烧升至五成热时，将鸡块分次入锅炸至浅黄色后捞出，待油温回升后，再次将鸡块入锅炸至色泽金黄、外皮脆香后捞出，沥干余油待用。
4. 锅中下精炼油（约100毫升）烧至约四成热时，入姜粒、蒜粒炒香，再下泡辣椒粒炒至油呈红色，然后烹入兑好的滋汁搅匀，接着下醋炒匀，再撒入葱花炒制成鱼香味汁，最后加入鸡块，迅速翻匀起锅装盘，将锅内剩余的鱼香味汁浇淋在鸡块上即成。

烹饪细节

1. 由于鱼香味型中的咸味不重，所以食材的底味一定要足，才能压得住腥味。
2. 使用全蛋豆粉制作的菜品，口感更为酥脆，这一点与使用蛋清豆粉有比较明显的区别。由于用蛋清豆粉制作的菜品口感多偏绵软，所以多用于软炸类菜品。上浆标准以鸡块上的全蛋豆粉不往下流淌为宜（行话称为“站得住”）。在炸制过程中，一要做到表皮酥脆；二要锁住鸡肉中的水分，这样方可保证鸡块肉质的嫩度。
3. 在勾兑滋汁时，香醋不能加入其中，这是因为醋有受热易挥发的特性，遇热可减少酸味，故在操作过程中最后单独加入。
4. 鸡块复炸两次的目的是一次定型，再次上色。此外，第一次炸制时可能会出现鸡块粘连成团的情况，需捞出后使其逐个分离，然后再次入油锅中浸炸。
5. 由于普通泡辣椒的颜色不够红亮，所以最好选用颜色红亮的二荆条泡辣椒。
6. 淋入鱼香味汁的时间不宜太早，否则易导致鸡块回软。

美食的个性源自厨师对食材的尊重和升华。对食材的尊重，是美味的开始；而升华，才会赋予食材鲜活的灵魂，这就是烹饪。

八宝糯米鸡

烹饪原料

水盆鸡1只（约750克）　糯米100克　熟火腿30克　鲜豌豆120克　金钩15克　水发香菇30克　水发苡仁15克　水发莲子15克　水发芡实10克　豆粉20克　胡椒粉0.5克　炒食盐5克　花椒粉5克　香油15毫升　料酒30毫升　精炼油1000毫升（约耗100毫升）　生菜丝100克　化猪油10毫升

烹饪步骤

1. 将处理干净后的水盆鸡放在砧板上，从颈部开口处取出鸡颈宰断，在保持鸡翅完整形态的前提下，用刀从鸡翅处慢慢往下剔，直到去尽大腿骨，然后用清水冲洗干净，搌干水分待用。
2. 糯米淘洗干净，入笼蒸成质地不是太软的糯米饭；生菜洗净、切丝。
3. 香菇切丁；鲜豌豆、莲子、苡仁、芡实用开水氽一下；火腿切成豌豆大小的丁；金钩洗净；炒食盐和花椒粉拌匀成椒盐味碟。
4. 在糯米饭中加入少许化猪油拌匀，再加入火腿丁、豌豆、莲子、苡仁、金钩、香菇、芡实、食盐、胡椒粉拌匀成八宝配料。
5. 从鸡颈部将拌好的八宝配料酿入鸡腹内，分量以略微留有余地为佳。
6. 酿完八宝配料后，将鸡颈开口处用竹签锁牢，再用沸水烫成形。将鸡翅盘好装入大蒸碗中，上笼蒸制1.5小时（需根据鸡肉的老嫩程度控制好时间），以竹签能轻松插入鸡翅即可。
7. 鸡蒸好后出笼，搌干水分，抹上料酒，稍微晾干待用。
8. 锅内下精炼油烧至七成热时，将鸡放入漏瓢内，用热油不断淋炸至鸡皮色黄、质脆后抹上香油即成。
9. 上席后，先由客人观赏后再行分盘，另配椒盐味碟、生菜丝一同出菜。

烹饪细节

1. 在剔除鸡骨时，要先划断鸡身关节的连接处，并注意不要把鸡皮划破，以免在蒸、炸时爆皮或漏馅。
2. 在酿八宝配料时不宜太满，否则容易爆裂。
3. 炸鸡的油温不宜太高，以七成油温淋炸为佳。
4. 此菜的另一种做法，是抹上蛋清豆粉后再经炸制而成。

烹饪原料

鸡中翅20个　水发海参200克　水发玉兰片100克　绿色菜心15克　细红辣椒酱30克　郫县豆瓣酱30克　鸡精10克　水豆粉30克　白糖5克　酱油10毫升　香油5毫升　清汤1000毫升　精炼油120毫升　粗姜粒10克　葱节10克　料酒10毫升

烹饪步骤

1. 鸡中翅洗净后去尽残毛，斩去两端，抽去鸡骨（务必保持鸡翅的完整性）；水发海参切成长条后穿入鸡翅中，入沸水中氽去血水，并迅速漂冷待用。
2. 锅内入精炼油烧至五成热时，将郫县豆瓣酱、细红辣椒酱入锅炒出红油，掺入清汤，下姜粒、葱节、料酒烧约5分钟，然后用漏勺捞出料渣不用，再下酱油、白糖、鸡翅，用小火煨制10分钟，之后用筷子将鸡翅逐个夹起摆入蒸碗中入笼蒸熟，余下的汤汁待用。

龙穿凤翅

3. 在汤锅中下入水发玉兰片，煮熟后捞出垫在圆盘中间；绿色菜心入沸水氽断生后摆在玉兰片周围。
4. 鸡翅蒸好后，滗去碗中的汁液，在玉兰片上摆成形（如果此菜按份数摆盘，则要求层次饱满，尽量选取表皮无破损的成品）。
5. 用水豆粉将锅内的余汤调成芡汁，淋入香油，出锅后淋在鸡翅上即成。

烹饪细节

1. 此菜又名“鸡翅酿海参”，鸡中翅的两端一定要斩齐，一是利于抽出鸡翅骨，二是方便酿入海参条。海参条应比鸡翅两端各长2厘米，鸡翅在煮制过程中会收缩，刚好把海参箍紧。由于此菜属于制作工艺比较复杂的高档菜肴，所以成菜中不能出现调料残渣，否则会影响到菜品呈现的美观度。
2. 如果此菜用火腿切条后穿入鸡翅，做法相同，称为“龙穿凤翅”；如果选用冬笋切条后穿入鸡翅，则名为“玉簪鸡翅”。
3. 此菜在传统做法中还有更为复杂的工艺，如选用两寸长的猪排骨，经煮熟去骨后，用夹子将其穿入去骨的鸡翅中，然后再穿入冬笋丝、冬菇丝和火腿丝，这种做法被称为“酿龙凤翅”。

鸡豆花

烹饪原料

老鸡胸脯肉150克　绿色菜心50克　熟金华瘦火腿8克　鸡蛋清5个
豆粉15克　食盐3.5克　胡椒粉0.5克　味精1克　特级清汤1000毫升

烹饪步骤

1. 鸡胸脯肉去尽皮脂、筋膜后切成小块，放入搅拌机，逐步加入冷清汤搅打成鸡肉蓉，然后再依次加入鸡蛋清、豆粉、食盐、味精、胡椒粉继续搅拌成糊状；熟火腿切成细末；菜心用沸水汆断生后迅速漂冷。
2. 锅内注入清汤，烧开后下食盐，迅速倒入鸡肉蓉，用汤瓢沿一个方向推转，待鸡肉蓉成团后，再移至小火上煮成豆花团状，继续保持95℃的汤温煨30分钟（也可换为钢锅，在煲仔炉火口靠边的一侧用小火慢慢煨制）。
3. 清汤烧开后加食盐、味精调好味，舀入大汤碗内，再舀入鸡豆花，顶部放一点火腿末，将菜心稍为加热后放入碗内点缀即成。

烹饪细节

1. 作为一道经典传统川菜，本菜以鸡肉为料，成菜色白如雪，形似豆花，故名“鸡豆花”。
2. 在制作鸡肉蓉时，清汤不能一次性加入，应根据搅拌机的工作情况分4～5次逐步加入，以搅拌机能顺畅旋转为宜。
3. 鸡豆花的烹饪工艺十分讲究，一是鸡脯肉的分量要加足，鸡蛋清与水淀粉的比例要适当；二是汤味考究，切忌加入虫草花、枸杞等有药味的原料，否则会影响到汤的鲜味和香味。

金钱鸡塔

烹饪原料

鸡脯肉130克　熟猪保肋肥膘肉500克　生猪肥膘肉60克　熟瘦火腿20克　白韭菜100克　鸡蛋清4个　干豆粉20克　炒食盐1克　胡椒粉0.5克　香醋20毫升　香油1毫升　化猪油10毫升　清汤50毫升

烹饪步骤

1. 鸡脯肉去尽筋膜，与生猪肥膘肉的加工方式一样，先分别用搅拌机打成肉泥，再将两种肉泥按照4：1的比例混合，加入清汤稀释，并搅拌均匀，然后加入两个鸡蛋清，按顺时针方向用力搅打上劲，最后加入食盐、胡椒粉搅打成鸡糁待用。
2. 将熟猪肥膘肉切成直径约4. 5厘米、厚约0.5厘米的圆片共20片，用刀尾在圆片上戳几个小洞将肉片的筋划断（以防止肉片在烹制过程中因受热而卷曲，影响成菜美观），再搌干水分及浮油待用。
3. 取一半熟火腿切成长约3厘米的细丝，另一半剁成火腿粒；白韭菜洗净，切成长约3厘米的段；将余下的两个鸡蛋清与干豆粉调成蛋清豆粉。
4. 将肥膘圆片整齐码摆在大盘内，表面均匀地涂抹上蛋清豆粉，然后用细火腿丝在圆片上摆成金钱方孔形（若火腿丝太硬，不利于造型，也可用甜椒丝代替），然后将鸡糁挤成直径约3厘米的肉丸放在肉片中央粘牢，顶部粘上火腿细末做成鸡塔生坯（也可将熟火腿切成小方片摆在鸡塔生坯的顶部）。
5. 平底锅置火上烧热，入化猪油，将鸡塔生坯慢慢放入锅内（肉片贴锅底摆放），用微火慢煎，同时用勺子将热油舀起从鸡塔顶部往下淋炸，直至肉片边缘呈金黄色，然后出锅摆入盘中，逐个抹上少许香油。
6. 用香油、香醋、炒食盐兑成味碟，与炸好的鸡塔同上，将白韭菜段摆入盘中做装饰搭配食用。

烹饪细节

1. 搅打鸡糁时一定要顺着同一方向，这样方可保证弹性的口感。另外，鸡肉与肥膘肉的比例大致为4：1，而且不能用猪油代替猪肥膘肉，因其猪油没有骨力，受热后会塌陷，难以成菜。鸡糁的口感以稍为硬一些为好。
2. 此菜的另外一种做法，是先蒸制，后煎炸，这样可更好地保证鸡塔里外均熟，且外层不至于太焦。

红烧子母会

烹饪原料

水盆乳鸽3只　鸽蛋12个　细面条50克　大葱白20克　生姜15克
食盐6克　花椒8粒　鸡精3克　冰糖汁2毫升　白胡椒粉1克
水发豆粉10克　豆粉50克　酱油10毫升　料酒10毫升
清汤500毫升　熟精炼油15毫升　化猪油1000毫升（约耗150毫升）

烹饪步骤

1. 水盆乳鸽治净，加入两节拍破的大葱白、拍破的生姜块（5克）、料酒（3毫升）、食盐（1克），将鸽子码味10分钟。
2. 鸽蛋煮熟后去壳；面条煮熟后滤去余水，用熟精炼油拌匀。
3. 锅内入化猪油（900毫升）烧至六成热时，将乳鸽逐一入锅炸至浅黄色后捞出。
4. 将鸽蛋粘上豆粉，逐一入锅炸成浅黄色的虎皮鸽蛋后待用。
5. 取一大汤碗，兑入清汤、料酒、酱油、冰糖汁、姜片（10克）、葱段、胡椒粉、食盐搅匀，将乳鸽放入汤内，用保鲜膜封口，入笼蒸约1小时后出笼，一并倒入锅中，用小火烧制10分钟，待鸽子上色入味后，捞出放入大圆盘中央，并将鸽头朝上集中摆放成形，然后将熟面条缠绕成12个"鸟巢"状面圈，围放在鸽子四周。
6. 将虎皮鸽蛋放入汤汁内，用小火煨至入味，再逐一摆放在"鸟巢"内，锅内余汤掺入鸡精、水豆粉勾成二流芡汁，再调入约20毫升化猪油，起锅后均匀地淋在鸽子和鸽蛋上即成。

烹饪细节

1. 鸽子宰杀后一定要把血水冲洗干净，底味也要码足。
2. 煮鸽蛋需冷水下锅，用小火慢煮，否则易裂。
3. 收汁时一定要用小火，火大易煳，起锅前可加一点化猪油，以起到增加香味、亮色的作用。
4. 蒸制时间应视鸽子老嫩而定。

家常烧鸭掌

烹饪原料

熟鸭掌600克　干豇豆100克　绿色菜心200克
泡辣椒20克　细辣豆瓣酱30克　泡仔姜20克
大蒜20克　味精2克　白糖2克　水豆粉20克
酱油10毫升　香醋1毫升　香油3毫升
清汤500毫升　精炼油150毫升

烹饪步骤

1. 鸭掌从掌背面去骨；干豇豆淘洗干净，泡涨后挤干水分，切成长约6厘米的段；泡辣椒、泡仔姜、大蒜分别剁成细粒；菜心入沸水氽熟后用冷开水漂冷。
2. 锅内入精炼油烧至六成热时，下细辣豆瓣酱炒至出香、色红，再下泡辣椒粒、姜粒、蒜粒炒香，然后加入清汤、酱油、白糖、鸭掌，烧至鸭掌入味后捞出待用。
3. 干豇豆段入锅，用烧鸭掌的汤汁烧至入味，捞出滤干汤汁后装入盘中，将鸭掌盖在干豇豆上成形，用菜心围边。
4. 锅内汤汁烧开，下香醋、味精、水豆粉勾成二流薄芡，淋上香油，出锅后淋在鸭掌上即成。

烹饪细节

1. 鸭掌去骨时应尽量保持鸭掌形态完整。
2. 细辣豆瓣酱一定要炒香、炒红，这样烧好的鸭掌颜色才更为红亮。

金丝葫芦鸭

烹饪原料

水盆鸭1只（约750克） 鸡脯肉350克 金丝面100克 红萝卜200克
青笋200克 鸡蛋清5个 生姜片20克 大葱段20克 食盐20克
味精1克 蒜苗20克 水豆粉50克 干豆粉50克 胡椒粉0.5克
料酒5毫升 化鸡油20毫升 化猪油50毫升 特级清汤600毫升

烹饪步骤

1. 鸡脯肉去尽筋膜，用搅拌机搅打成泥，再依次加入3个鸡蛋清、清汤、化猪油、胡椒粉、食盐、水豆粉拌匀制成鸡糁，再做成大小两种鸡圆煮熟待用。
2. 水盆鸭清洗干净，从颈部入手去除全部鸭骨，包括翅膀骨一并剔除，洗净后填入一半鸡糁圆子，用细棉绳将整鸭扎制成一头大、一头小的葫芦形，用料酒、食盐、生姜片、葱段码味10分钟，然后入开水锅中煮定型后捞出，接着上笼蒸制约1小时。
3. 红萝卜、青笋去皮，分别用刀刻成葫芦型，剩下的切成二粗丝，入开水锅中汆一下迅速漂冷，再切成长约2厘米的短节。
4. 用两个鸡蛋清与干豆粉调制成蛋清豆粉，然后用蛋清豆粉将一大一小两个鸡圆粘在一起，在小鸡圆的一头插上红萝卜节和青笋节，形如葫芦，入笼微蒸，待鸡圆粘接牢固后取出待用；蒜苗汆熟；金丝面入沸水中煮熟。
5. 将蒸好的葫芦鸭摆入圆盘中央，去除用以定形的细棉绳，将汆熟的蒜苗系在葫芦腰处，打成一蝴蝶结作为装饰，然后沿着盘边间隔摆上鸡圆小葫芦和用红萝卜、青笋雕刻的小葫芦，再在葫芦鸭与小葫芦之间围上一圈金丝面。
6. 特级清汤烧开，加入食盐、味精、水豆粉制成透明的玻璃芡汁，再下化鸡油搅匀，起锅后均匀地淋在盘中食材上即成。

烹饪细节

1. 蒸制葫芦鸭的过程中要密切注意火候，不可用猛火，以免破坏葫芦鸭的形态。
2. 制作此菜要求整鸭除骨，既不开膛，也不开裆，而且还要确保鸭子形态的完整，所以非常考验刀工。
3. 这道菜其实是由菜、点组合而成，一道是葫芦鸭；一道是金丝面，堪称菜、点合一的经典川菜。

烹饪原料

水盆鸭1只（约800克） 水发口蘑（或香菇）60克 熟金华火腿100克
冬笋100克 食盐3克 白糖15克 味精1克 生姜20克 大葱20克
水豆粉25克 酱油25毫升 料酒45毫升 香油25毫升 清汤2000毫升
化猪油100毫升 精炼油1000毫升（约耗60毫升）

烹饪步骤

1. 水盆鸭清洗干净后斩去鸭脚和鸭嘴壳，入沸水中煮去血水，捞出晾干水气后，再在鸭身上均匀地抹上料酒。
2. 锅中下精炼油烧至约六成热时，将鸭子入锅炸成金黄色，再用沸水冲去鸭身表面的浮油。
3. 将火腿、冬笋分别切成长约7厘米、宽约3厘米、厚约0.5厘米的大片；口蘑片成大片；生姜（10克）拍破，大葱（10克）挽结，余下的生姜切片，大葱切段。
4. 将火腿片、冬笋片、口蘑片在鸭脯上摆成“三叠水”形，先用干净纱布将其包好、缠紧，再把纱布结头打牢，放入烧鸭的器皿内。
5. 锅内加入白糖、食盐、酱油、姜片、葱段、料酒、清汤，先用大火烧20分钟，再改用小火烧熟，当用竹签插入，感觉到鸭子质地松软后，取出鸭子翻入盘中，除去纱布。
6. 将烧鸭的汤汁倒入锅内收浓，加入味精、香油推匀后淋在鸭身上即成。

烹饪细节

1. 最好选用肉质稍微厚一些的麻鸭，但肉质不能太老，以8月龄左右的最好。
2. 收浓后的汤汁应呈浅棕红色。
3. 淋汁时动作要轻微，不要将各种配料冲变形，成菜应保持“三叠水”的完整形状。

神仙鸭子

烹饪原料

水盆鸭1只（约1200克） 熟猪肥肉100克 熟火腿50克 去皮大荸荠80克 熟冬笋80克 鸡蛋4个 豆粉60克 食盐18克 味精2克 生姜50克 大葱段50克 料酒15毫升 香油12毫升 精炼油1000毫升（约耗120毫升） 生菜100克

烹饪步骤

1. 水盆鸭去除鸭脚清洗干净，入沸水锅中氽去血水，捞起后抹上食盐、料酒，再加入大葱（30克）、生姜（30克，拍破）码味；鸡蛋和豆粉制成全蛋豆粉；生菜洗净后切成粗丝；冬笋、猪肥肉、荸荠、火腿分别切成二粗丝。
2. 将猪肥肉丝、火腿丝、荸荠丝、熟冬笋丝用全蛋豆粉拌匀；余下的食盐入锅中炒熟，拌入花椒面做成椒盐味碟。
3. 将码入味的鸭子用托盘装好，在鸭身上盖上生姜片（20克）、大葱段（20克）一同上笼蒸至熟软（切忌将鸭子蒸烂或蒸破皮）。
4. 待鸭子蒸熟后，用刀紧贴鸭背顺开一刀，小心取下鸭肉，皮向下摊平码放于大盘内，在鸭肉这面均匀涂抹上一层全蛋豆粉，再将拌好的丝料均匀地平铺在鸭肉上。
5. 锅内下精炼油烧至七成热时，将鸭肉放在大漏勺内入锅炸成浅黄色后捞出，待油温升高后，再将鸭肉入锅炸为金黄色，沥干余油，并用吸油纸吸去多余的油脂，在表面刷上一层香油。
6. 将鸭肉切成长方条装盘，配上生菜和椒盐味碟上桌即成。

烹饪细节

1. 为水盆鸭码味时，需用姜、葱等调味料在其身上搓揉，鸭身内外都需抹上食盐，这样可使底味充分渗透到鸭肉中去，在接下来的烹制过程，将不会再加入盐味。
2. 鸭肉脂肪含量较低，适量搭配猪肥肉，可使口感更滋润；由于火腿肉质较硬，在进行刀工处理时，可稍微切细一些。另外，此菜也可选用方块西式火腿。
3. 入油锅炸制时，可用漏勺将鸭肉浸入底锅，面上用炒勺舀油淋炸。
4. 调制全蛋豆粉的浓度应稍微稠一些，这样更利于定型。如果是批量制作，可入蒸笼里稍微蒸一下，但不能蒸熟，仅仅起到定型的作用即可，之后再行炸制就很方便。

蛋酥鸭条

粉条鸭子

烹饪原料

水盆鸭1只（约600克）　粉丝150克　泡辣椒100克　生姜50克　香葱50克
大蒜50克　白糖30克　红油郫县豆瓣酱30克　水豆粉50克　食盐3克
胡椒粉1克　酱油30毫升　香醋20毫升　香油2毫升　料酒5毫升
清汤300毫升　精炼油1000毫升（约耗150毫升）

烹饪步骤

1. 水盆鸭清洗干净后斩去鸭掌、鸭嘴壳，敲断鸭腿骨，用料酒、食盐、生姜（20克，切片）、香葱（10克，切段）码味。
2. 泡辣椒去籽后剁成细粒；生姜、大蒜分别剁成细粒；香葱切成小葱花；红油郫县豆瓣酱剁细。
3. 锅内下精炼油烧至五成热时，将粉丝入锅炸松泡后捞出。
4. 将码好味的鸭子入笼蒸至“散翅”，出笼后用毛巾搌干水气；酱油用清水调淡，再均匀地涂抹在鸭身上，并晾干鸭皮上的水气。
5. 锅内下精炼油烧至七成热时，将鸭子放在大漏勺中入油锅中炸制，同时用炒勺不断舀油淋炸至鸭皮成金黄色，出锅沥干余油后摆入盘中，将之前炸好的粉丝围在鸭身周围。
6. 锅内留约100毫升精炼油烧热，将泡辣椒细粒、红油豆瓣酱入锅炒至出香、出色，接着下姜粒、蒜粒炒香，掺入清汤，再下酱油、白糖、胡椒粉调味，然后下少许水豆粉、香醋调匀，之后下一半葱花推匀起锅，先将汁水淋在粉丝上将其浸软，再将剩余的汁水淋在鸭身上，最后撒上剩余的葱花即成。

烹饪细节

1. “散翅”是四川地区传统烹饪技法中的一种叫法，意思是鸭子的翅膀经过高温蒸制后向外张开，这种状态说明鸭肉已经烂软。
2. 在蒸制过程中，应务必保持鸭身完整。
3. 也可将炸过的粉条先放入调好味的汤汁中稍微煮一下，然后再围在鸭身周围。

银杏鸭脯

烹饪原料

水盆鸭1只（约1000克） 银杏仁罐头250克 绿色菜心500克
胡椒粉0.3克 姜片30克 葱段30克 食盐2克 花椒0.5克
味精0.3克 水豆粉20克 料酒50毫升 清汤400毫升
化猪油500毫升（约耗80毫升） 化鸡油20毫升

烹饪步骤

1. 银杏仁去掉两头、苦心芽，入沸水中汆一下捞出晾干水气，再用化猪油微炸一下待用；菜心汆断生后迅速漂冷。
2. 水盆鸭清洗干净，斩去头、颈、脚，在鸭身内外均匀地涂抹上料酒、食盐、胡椒粉码味10分钟，再放入花椒、姜片、葱段入笼蒸制约1小时后取出晾冷，从鸭背入刀划开，顺着筋骨剔尽鸭骨，然后将鸭脯平铺在砧板上，片去较厚的部分，再在鸭肉上划几刀，以便下一步烹制时更能入味。
3. 取一只圆形蒸碗，抹上一点化猪油，将鸭皮向下铺在碗中，并削平冒出碗沿的鸭肉，将鸭肉的边角余料切成银杏大小的肉丁，与银杏仁拌匀，放入蒸碗内铺平，在100毫升清汤中调入食盐、味精，倒入蒸碗内与碗口齐平，用保鲜膜封住碗口，入笼蒸制30分钟。
4. 将菜心对剖为二，呈放射形摆入盘中，然后把蒸好的鸭脯翻盖在菜心中央。
5. 锅内注入清汤烧开，加入食盐、味精、胡椒粉、水豆粉勾成薄芡，再加入化鸡油，出锅后淋在鸭脯上，最后在鸭脯上点缀一朵可食用的鲜花即成。

烹饪细节

1. 水盆鸭码味是为了增强底味，但不能咸，以淡盐味为宜。
2. 之所以要将鸭脯浸在汤中，是为了蒸制后颜色好看，嫩度适口。
3. 一定要将蒸碗内的原材料垫平、压实，否则翻碗后会造成鸭脯塌陷，影响成菜美观。
4. 也可用鲜银杏仁去掉外壳、内皮、苦心芽煮熟后使用。

红烧三丝鸭卷

烹饪原料

水盆公鸭1只（约1250克） 猪网油600克 猪肥瘦肉250克 鸡腿肉250克
鸡蛋4个 熟冬笋100克 水发口蘑50克 火腿（金华或宣威）80克
食盐5克 大葱段100克 豆粉100克 生姜15克 绿色菜心160克
白糖2克 胡椒粉0.5克 清汤1000毫升 酱油15毫升 料酒20毫升
香油2毫升 化猪油500毫升 精炼油500毫升

烹饪步骤

1. 水发口蘑去尽杂质，洗净后切成细丝；冬笋、火腿切成长约5厘米的细丝；猪肥瘦肉、鸡腿肉切成长约4厘米，宽约2厘米的条；猪网油改成长三角形；水盆公鸭清理干净，取下鸭头、鸭翅、鸭脚另用，将鸭肉片成约30张鸭片，码上少许食盐；将鸡蛋、豆粉调成全蛋豆粉。
2. 将所有鸭肉片分别包入火腿丝、冬笋丝、口蘑丝，再裹成长约6厘米的鸭卷，用网油皮包好，裹上蛋豆粉；菜心用沸水汆断生后迅速放入冷开水中漂冷。
3. 锅内倒入化猪油、精炼油，烧至六成热时，放入鸭卷炸成象牙色后起锅，逐个用纱布包好。
4. 锅内留油约100毫升，放入猪肉、鸡腿肉、鸭头、鸭翅、鸭脚略炒片刻，然后注入清汤、生姜（拍破）、大葱段、食盐、料酒、酱油、胡椒粉、白糖，烧开后打去浮沫，再放入用纱布包好的鸭卷，用中小火烧制约5分钟后捞出。
5. 将鸭卷在蒸碗中摆成“风车”形，猪肉条、鸡肉条摆在鸭卷上，然后再放上鸭翅、鸭脚，用保鲜膜封好碗口，上笼蒸制20分钟，取出滗去汤汁（汤汁留用）。
6. 将绿色菜心用刀片平，菜蒂向外，沿盘边摆成放射状；取出蒸好的鸭卷，拣去猪肉条、鸭头、鸭足、鸭翅后，将碗翻扣在盘中，小心移去蒸碗，将滗出的汤汁用小火收浓，加入少许香油搅匀，出锅后均匀地淋在鸭卷上即成。

烹饪细节

1. 火腿需蒸热后再切成丝，否则容易散。
2. 用刀片取鸭肉时，要用菜刀后端根部从鸭肩部下刀，刀面应紧贴骨骼往尾部剔取，此菜刀工要求高，要记住鸭子的骨骼构成及肌肉的生长走向，只有长期练习，方能得心应手。

3. 调全蛋豆粉时，需先把鸡蛋打入码斗，先用筷子搅匀，再分次放入少量豆粉，边放边顺着同一方向搅动，不能用力搅打，否则会渗入空气，在炸制时容易起泡。另外，豆粉要先用细丝网筛去粗颗粒。
4. 猪网油需片去部位稍厚的地方，包裹鸭肉卷时应把有油的一面包在里层，这是因为鸭皮本身含脂量偏低，用猪网油包裹，成菜更为滋润。
5. 用纱布包裹鸭卷的目的，是为了避免将原料杂质黏附在鸭卷上，也方便取出。烧制鸭卷的时间也不宜太长，5分钟左右即可。
6. 此菜是一道极能凸显传统烹饪技法的高档川菜，其中的三丝也可以用鲍鱼丝为主的丝，名为“红烧鲍鱼鸭卷”。

红烧舌掌

烹饪原料

鸭舌26个　鸭掌40个　熟火腿40克　熟鹌鹑蛋10个　绿色菜心250克
水发口蘑40克　食盐2克　姜片13克　葱段15克　糖色15克　水豆粉15克
胡椒粉0.3克　味精0.5克　大红灯笼椒1个　蛋清豆粉15克　酱油16毫升
料酒20毫升　清汤800毫升　化鸡油150毫升　化猪油150毫升

烹饪步骤

1. 鸭舌、鸭掌刮去粗皮后洗净，入水中煮至能去掉鸭掌骨的程度，然后漂冷去骨（去骨时要保持形态完好）；绿色菜心汆水后迅速漂冷；熟火腿、水发口蘑切为厚片。
2. 锅内下清汤、姜片、葱段、料酒烧开，再入鸭掌、鸭舌、火腿片、口蘑片煨至炽软，选取10个形态完整的鸭掌，用菜刀压扁成形。
3. 熟鹌鹑蛋去壳，在小头处用刀划开一条缝，分别插入压扁的鸭掌做成金鱼尾，再将大红灯笼椒切成鱼眼、鱼鳍，用蛋清豆粉粘在鹌鹑蛋上，做成10条金鱼形。
4. 锅内入化猪油烧热，下姜片、葱段略加煸炒后掺入清汤稍微煮一下，捞出姜片、葱段，下鸭舌、鸭掌略烧一下，再下糖色烧至上色后捞出定碗。
5. 取一只圆形土砂碗，将鸭舌呈放射状摆入碗中垫底，形态完好的鸭掌围在盘边，形态略差的鸭舌、鸭掌放在中间，再加入火腿片和口蘑片垫好。
6. 将锅内原汤盛入碗中，盖上保鲜膜，上笼蒸至鸭舌、鸭掌炽糯；将菜心在烧开的清汤中过一遍后垫入圆盘中间；取出蒸碗，揭去保鲜膜，滗出余汤，用菜刀盖住碗口迅速翻扣在圆盘中央，抽去菜刀，将鸭舌、鸭掌盖在菜心上；在锅内余汤中加入水豆粉勾成薄芡，加入化鸡油，起锅后淋在主菜和金鱼身上即成。

烹饪细节

1. 水煮鸭掌的程度，以用手捏一把，感觉弹性很少就可以了，如果很硬、很弹，则说明用时不够。
2. 一定要用食材将蒸碗垫平，否则翻碗时会造成食材塌陷，影响成品的造型。

魔芋烧鸭条

烹饪原料

水盆仔鸭1只（约600克） 魔芋700克 郫县豆瓣酱80克 料酒70毫升 食盐3克 酱油60毫升 水豆粉20克 花椒1克 泡仔姜30克 味精0.5克 胡椒粉0.3克 大蒜15克 青蒜苗50克 清汤600毫升 精炼油200毫升 化猪油50毫升

烹饪步骤

1. 水盆仔鸭治净后宰去头、颈、翅尖和鸭掌留作他用，再将鸭子宰成长约6厘米，宽约2. 5厘米的条，用开水加40毫升料酒煮一下；魔芋切成长约5厘米，宽约2厘米的条，用开水氽两次，再用清水漂冷；泡仔姜、大蒜切片；蒜苗切成长约3厘米的斜刀段。
2. 锅内下精炼油（100毫升）烧至五成热时，下鸭条煸炒一下起锅；再加入精炼油（100毫升）、化猪油（50毫升）烧至五成热时，下郫县豆瓣酱炒至出香、色红，接着下花椒略炒片刻，然后注入清汤熬至出味，滤去料渣后，加入鸭条、料酒、食盐、酱油、泡仔姜片、蒜片、胡椒粉烧至鸭条熟软，再下魔芋条烧入味，最后下蒜苗段、味精、水豆粉收汁起锅即成。

烹饪细节

1. 鸭子应选用肉质偏瘦的水盆鸭。
2. 氽魔芋条时，锅内的开水要多一些，以利除去异味。
3. 成菜后的汤汁不宜太多。

大蒜烧牛筋

烹饪原料

熟牛筋500克　独头大蒜200克　糖色汁10毫升　食盐20克
味精0.5克　姜片30克　葱段30克　绿色菜心300克　酱油20毫升
精炼油500毫升（约耗150毫升）　清汤800毫升

烹饪步骤

1. 熟牛筋切成长约6厘米，粗似大拇指的长条；大蒜去皮；绿色菜心用开水汆断生后漂冷。
2. 锅内下精炼油烧至五成热时，将大蒜下锅炸至象牙色后捞出，锅内留油约100毫升，下姜片、葱段煸出香味后，加入清汤、牛筋、酱油、糖色汁、食盐、料酒，烧至汤汁浓稠时，下大蒜烧至上色、油亮，捞出姜片、葱段后加入味精。
3. 菜心用清汤烫热，加一点食盐，摆在盘子的周围，将烧好的牛筋放在菜心中间，大蒜围在牛筋周围即成。

烹饪细节

1. 牛筋要质软形好，色泽透明。
2. 大蒜最好选用圆形独头蒜。

真正意义上的美味，绝无高低之别，贵贱之分，只要能给平淡的生活注入温暖，都是流香的人间至味。

泡椒干烧牛柳

烹饪原料

无筋嫩牛肉500克　熟冬笋100克　芽菜段50克　泡红辣椒50克　姜片30克　葱段50克　白糖5克　食盐10克　味精3克　料酒10毫升　酱油5毫升　香油3毫升　牛肉汤150毫升　红辣椒油15毫升　精炼油500毫升（约耗100毫升）

烹饪步骤

1. 牛肉洗净后切成长约6厘米，粗约1.5厘米见方的长条，用食盐、料酒、姜片、葱段码味待用；冬笋切成长约5厘米，粗约1.2厘米见方的条，汆水后待用；泡红辣椒去籽后切成段。
2. 锅内下精炼油烧至五成热时，将牛肉条、冬笋条先后入锅炸至半熟时起锅，沥去多余的炸油；在锅内余油中下入芽菜段、姜片、葱节略加煸炒，然后下牛肉条、冬笋条、泡红辣椒段，加入牛肉汤、酱油、食盐、白糖，烧至牛肉熟透，汤汁收干后，最后加入味精、香油、红辣椒油炒匀起锅装盘即成。

烹饪细节

1. 此菜应保持牛肉外酥里嫩的口感。
2. 成菜色泽应红亮，收汁亮油。

家常烧牛筋

烹饪原料

水发熟牛筋800克　瓢儿白菜心500克　红油郫县豆瓣酱35克　郫县豆瓣酱35克
水豆粉20克　生姜20克　大葱20克　味精2克　胡椒粉1克　食盐2克
酱油5毫升　香油2毫升　料酒3毫升　精炼油150毫升　清汤1000毫升

烹饪步骤

1. 牛筋去除杂筋后洗净，切成长约6厘米的大“一”字条；生姜拍破，大葱切段；瓢儿白菜心用沸水汩断生后迅速用清水漂冷。
2. 锅内下精炼油烧至五成热时，将两种豆瓣酱入锅炒至油红色亮时，下姜片、葱段继续煸炒，再掺入清汤、料酒，烧出味后滤去料渣。
3. 将牛筋条放入锅中，加酱油、胡椒粉、食盐、酱油、料酒、味精、香油，用中火煨至牛筋软糯后，下味精略烧片刻起锅装盘，再将白菜心用开水烫热，沥干余水后围摆在牛筋周围。
4. 将锅内余汤勾入水豆粉收浓，再下香油推匀，起锅淋在牛筋上即成。

烹饪细节

1. 炒豆瓣酱时要用低油温慢慢加热，这样做，一是利于将豆瓣酱打散；二是利于将豆瓣酱炒出红亮的颜色和香味。
2. 牛筋既不能太烂，又不能太硬，要保持一定的软糯和韧性。
3. 芡汁不要淋在菜心上，以免影响美观。
4. 起锅时也可给一点明油，以让汤汁色泽发亮。

烹饪原料

熟牛头皮1000克　小白菜心300克　郫县豆瓣酱60克　剁红辣椒酱30克　生姜40克
大葱30克　豆粉20克　胡椒粉1克　味精5克　食盐10克　白糖3克　酱油50毫升
料酒60毫升　香油15毫升　辣椒油10克　牛肉汤1000毫升　精炼油150毫升

烹饪步骤

1. 熟牛头皮去尽残毛、角质层，清水烧开后，下牛头皮、拍破的姜块（15克）、大葱段（15克）、料酒（20毫升）煮约20分钟去除膻味后捞出，用清水冲洗干净，再次在清水中放入牛头皮、拍破的姜块（15克，余下的切片）、大葱段（15克）、料酒（20毫升）用大火烧开，再转用中火煮至炽软，捞出后用清水冲洗干净，揺干水气。
2. 选取牛头皮约2厘米厚的部位，片去瘦肉及不成形的部分，使加工后的厚度约为1. 5厘米，再切成直径约4. 5平方厘米的正方块。
3. 锅内下精炼油烧至五成热时，按照1：1的比例，入郫县豆瓣酱、剁红辣椒酱炒至色红、出香，再下大葱段、姜片炒香，然后加入牛肉汤、酱油、胡椒粉、料酒、白糖、食盐调匀，用中火熬出香味后，将汤汁用细网筛滤尽料渣，另外留一码斗的汤汁待用。
4. 将余下的牛肉汤入锅，下料酒、酱油、食盐、白糖充分搅匀，再下牛头方，用大火烧开后，转用中火煨20分钟，取一小汤盒，将牛头方和汁水一并盛入其中（汁水需淹没主料），入笼蒸至牛头方软糯。
5. 小白菜心汆断生后从根部向前对剖，并将凸起部分片平，使其根部呈现出类似孔雀羽毛的纹路；取一白色大圆凹盘，将白菜心由外向里呈放射状围满盘边。
6. 将蒸好的牛头方沥干汤汁，外皮向上，凹面向下码放在菜心上；再将之前预留的汁水入锅勾芡，下香油，起锅后淋在牛头方上，最后淋上辣椒油即成。

烹饪细节

1. 片去牛头皮上多余的肉筋时，务必保持砧板稳定、无水，以避免操作时打滑；如果在此过程中遇到粘刀的情况，可在刀面上沾水操作；片下的余料应物尽其用，可与夫妻肺片一同拌食。
2. 很多厨师在做家常烧菜时喜欢用原汤勾芡，但此法并不适用于牛头皮这种原料，其原因是牛头皮胶质含量非常高，在烹制过程中会吸入大量汤汁，从而使余下的汤汁变得非常黏稠，如果再以此汤勾芡，就口感而言，会十分黏嘴；从感官上来说，其黏稠的状态会大大减少食欲。该菜的成功标准，是烧出来的每一块牛头方都应该色泽红亮、成形美观，所以最后勾芡汁时应采用预留的汤汁。
3. 虽然是家常味，但成菜不含一点杂质，这是因为在烧制牛头方的过程中已将料渣过滤干净。

麻辣牛肉干

烹饪原料

无筋牛肉550克　冰糖碎30克　牛肉汤200毫升
花椒油10毫升　葱段50克　料酒15毫升　食盐6克
辣椒粉50克　花椒10粒　熟白芝麻30克
精炼油600毫升（耗约200毫升）

烹饪步骤

1. 牛肉洗净后入锅，加入温水淹过牛肉，下食盐、料酒、花椒粒、葱段（25克）煮熟后关火，用原汤浸泡至凉后捞出，用湿毛巾盖上（以免牛肉表面干硬）。
2. 将牛肉切成厚约1.5厘米的大片，再将其拍松，然后顺纹切成长约6厘米的条。
3. 锅内下精炼油烧至五成热时，将牛肉条入锅炸至表面较干时捞出，锅内留油约120毫升，下辣椒粉、葱段炒至油呈红色，再下牛肉汤、冰糖碎、食盐收汁至汤汁浓稠，然后加入牛肉条、花椒油炒匀起锅，最后撒上熟白芝麻即成。

烹饪细节

1. 此菜是川菜炸收菜中的代表作之一，味道咸甜鲜香，便于存放。
2. 将牛肉片拍松后再切条，是为了更利于入味。
3. 顺着牛肉的纤维走向切条，可减少烹制过程中出现肉条断裂的情况。

水煮牛肉

烹饪原料

无筋牛肉250克　鸡蛋1个　干辣椒30克　花椒10克　芹菜80克　青笋头100克　蒜苗60克　大葱黄50克　食盐3克　姜粒20克　料酒10毫升　红油郫县豆瓣酱25克　味精2克　醪糟汁3毫升　粗辣椒粉5克　豆粉30克　清汤250毫升　精炼油200毫升

烹饪步骤

1. 牛肉切成大片；鸡蛋、豆粉、食盐调匀；干辣椒切成段；青笋头切厚片；芹菜、蒜苗、大葱黄均切成长约9厘米的段。
2. 锅内下精炼油烧至五成热时，下干辣椒段、花椒炸至浅棕红色后迅速捞起，剁成粗末待用。
3. 锅内下精炼油（50毫升）烧至五成熟时，将青笋片、芹菜段、蒜苗段、大葱黄段炒至断生后放入碗内垫底，待余下的油回升至五成热时，下红油郫县豆瓣酱炒至出香、油呈红色后加入清汤，接着下食盐、酱油、姜粒、醪糟汁、味精，然后下牛肉片煮至入味后出锅，装入垫有蔬菜的碗中，撒入干辣椒粗末、花椒粗末、辣椒粉，最后淋入七成热的精炼油即成。

烹饪细节

1. 制作此菜应选用无筋牛肉。
2. 牛肉片要切得稍厚一些，制作时要注意保持牛肉片的嫩度。
3. 将炝油后的干辣椒、花椒剁细最能体现此菜的风格。

凉粉鲫鱼

烹饪原料

活鲫鱼3～4尾（约500克） 白凉粉500克 猪网油100克 宜宾芽菜末15克 豆豉25克 食盐1克 大蒜10克 姜片25克 大葱50克 香葱15克 芹菜50克 味精2克 花椒10粒 白糖1克 料酒25毫升 酱油40毫升 花椒油5毫升 香油5毫升 红辣椒油100毫升 精炼油60毫升

烹饪步骤

1. 修去白凉粉边缘不规则的部分，再切成约2厘米见方的小块；鲫鱼去除内脏、鳞片后洗净，在鱼身内外均匀地抹上少许食盐；大葱拍破后切成段，与姜片、料酒一并装入码斗，再放入鲫鱼充分揉匀，静置20分钟；芹菜去叶留茎，切成芹菜花；香葱切成细花；大蒜捣成泥；豆豉切成细末，入油锅炒香后沥干余油待用。
2. 取一蒸盘，铺上一层猪网油，将码好味的鲫鱼置于其上，鱼身上放少许姜片、大葱段及花椒粒，再盖上一层猪网油，让猪网油将鱼身完全包裹，上笼蒸制8分钟。
3. 锅中加清水烧沸，下少许食盐，将凉粉块入锅煮熟后捞出，沥干水分。
4. 取一只码斗，将炒好的豆豉末、芹菜花、红辣椒油、白糖、酱油、味精、蒜泥、花椒油、食盐、宜宾芽菜末充分拌匀成酱汁，预留一部分取出待用。
5. 将沥干水分的凉粉块放入码斗中与酱汁充分拌匀。
6. 取出蒸熟后的鲫鱼，揭去猪网油，去掉姜片、大葱，将鲫鱼按“品”字形排入盘中，再将拌好的凉粉围在鲫鱼周围，最后把预留的酱汁均匀地淋在鲫鱼上，撒上葱花即成。

烹饪细节

1. 用猪网油包裹鱼身的目的，是为了给鱼肉加一个隔离层，以保证鱼肉不易蒸老，还能让鱼肉充分吸收油脂，同时起到增香的作用。过去制作此菜是用竹笼锅蒸制，由于火力不够，大约需要蒸制15分钟，现在使用蒸箱，只需8分钟即可。
2. 拌凉粉的动作要轻，不可将凉粉弄碎，否则会影响到成菜效果。
3. 此处的调料比例仅供参考，可根据口味需要适当调整，但始终应突出豆豉味。

五彩熘鱼丝

乌鱼肉300克　西芹50克　香菇丝30克　熟冬笋30克　大红椒[illegible]克　鸡蛋清2个
生姜5克　大葱白20克　大蒜5克　豆粉20克　食盐2克　胡椒粉0.5克　白糖2克
味精0.3克　水豆粉10克　香油2毫升　料酒5毫升　清汤30毫升
化猪油200毫升　精炼油150毫升

烹饪步骤

1. 乌鱼肉去尽鱼刺，切成粗约0.5厘米见方，长约7.5厘米的丝；熟冬笋、大葱白、香菇、大红椒（去籽）、西芹均切成二粗丝，在西芹中撒入少许食盐拌匀码味；生姜、大蒜切丝；鸡蛋清与豆粉调成蛋清豆粉。
2. 在鱼肉丝中加入料酒、食盐、胡椒粉码入味，先拌入蛋清豆粉裹匀，再加入20克精炼油拌匀。
3. 取一小碗，加入清汤、水豆粉、食盐、白糖、味精、香油兑成味汁（味汁不可太多，否则成菜会很稀）。
4. 锅炙好，入精炼油、化猪油烧至五成热时，下入鱼丝用筷子将其迅速滑散，然后下入姜丝、蒜丝、大葱丝、香菇丝、红椒丝、西芹丝翻炒均匀，最后烹入味汁炒匀起锅装盘即成。

烹饪细节

1. 最好选用肉质比较硬的乌鱼，既方便切丝成形，刺也比较少，不可选用龙利鱼、巴沙鱼等肉质偏嫩的鱼肉。在加工切丝的过程中，可在刀上蘸些清水，以免粘连。
2. 香菇只取深色菇帽部分，目的是让白色鱼肉丝与其他配料形成岔色，使成菜更能充分体现出“五彩斑斓”的特点。
3. 由于成菜需要充分体现鱼丝的白嫩，所以鱼丝码味切忌加酱油。在码好味的鱼丝中加一点精炼油，既可避免鱼丝粘连，入锅炒制的时候也不容易成团。
4. 下鱼丝前，可用筷子蘸取少许蛋清豆粉插入油中，能定型，则说明油温刚好，如果油温过

家常菊花鱼

烹饪原料

大草鱼1尾（约1000克） 郫县豆瓣酱80克 生姜20克
大蒜20克 大葱20克 白糖1克 食盐10克 水豆粉30克
干豆粉300克（约耗70克） 味精2克 酱油20毫升 花椒油0.5毫升
清汤200毫升 精炼油1500毫升（约耗200毫升）

烹饪步骤

1. 草鱼宰杀后去尽鳞、腮、内脏洗净，从鱼身两侧去骨，取下鱼肉，去尽鱼肉中的大刺，先用刀斜切至鱼肉深度的2/3，再立刀切成“十”字花刀，深度也是鱼肉厚度的2/3，然后再切成约5厘米见方的块，用食盐、料酒码味5分钟后，将鱼肉块用干豆粉粘裹均匀；生姜、大蒜切成粗粒；大葱切成小段。
2. 锅内下精炼油烧至五成热时，将鱼肉块逐一入锅炸成形如菊花，色泽浅黄时出锅。
3. 锅内另下精炼油烧至五成热时，入郫县豆瓣酱炒至色红、出香，再下姜粒、蒜粒继续炒香，然后掺入清汤烧至出味，滤去料渣，再下白糖、食盐、酱油、花椒油、味精，用水豆粉勾成薄芡味汁。
4. 将菊花鱼块再次入锅炸至浅金黄色后起锅装盘，淋上烹好的味汁即成。

烹饪细节

1. 最好选用肉质肥厚的草鱼，成形的“菊花瓣”应粗细均匀，干淀粉不宜粘得太多。
2. 炸制鱼肉块时要注意火候，以保证“菊花瓣”能充分张开。

家常脆皮鱼

烹饪原料

草鱼1尾（约700克）　泡红辣椒50克　辣豆瓣酱60克　生姜20克
大蒜20克　大葱80克　面粉20克　水豆粉200克　食盐10克
料酒10毫升　白糖10克　香醋3毫升　酱油20毫升　清汤100毫升
精炼油1000毫升（约耗200毫升）

烹饪步骤

1. 草鱼宰杀后去尽鳞、腮、内脏，洗净后搌干水分，在鱼身两侧各划6刀，用料酒、食盐码味待用；泡红辣椒去籽后剁细，留两根切成细丝；辣豆瓣酱、生姜、大蒜分别剁细；取一半大葱切成细葱花，另一半切成长丝。
2. 在水豆粉中加入面粉调匀成面糊；将白糖、香醋、酱油、水豆粉、葱花、清汤调成味汁。
3. 锅中下精炼油烧至七成热时，搌干草鱼身上多余的水分，将面糊均匀地涂抹于草鱼全身，手提鱼尾，将鱼头朝下放入锅中炸制，边炸边淋热油，待鱼身两侧的肉翻花定型后，再将整鱼浸入油锅中，用漏勺将鱼身压弯成月牙形，直到把鱼身外表炸成金黄色后捞起，再将鱼尾向上固定在盘中。
4. 炒锅内下精炼油（150毫升）烧至五成热时，下泡红辣椒末、辣豆瓣酱炒至色红后下姜粒、蒜粒炒香，然后烹入味汁，待汁水烧至起鱼眼泡时起锅，均匀地淋在鱼身上，最后撒上红辣椒丝和大葱丝即成。

烹饪细节

1. 选用草鱼是因其肉质较厚，适合油炸；另外，鱼身划刀需直刀切入1/3，再斜刀向内切入1/3，深度不能到骨，每刀切入的方向应统一，且两侧对称；裹上面糊增加重量后，散开后的鱼肉片才会平整，否则会下坠，影响美观。
2. 面糊不能加鸡蛋清，否则口感不脆，而且一定要把粉团充分捏散；面糊可用温水调制，干湿程度以能缓慢流动为佳。

三色锅贴鱼

烹饪原料

净鱼肉250克　大红椒1个　大青椒1个　鸡蛋清1个
密质方面包8片　鸡蛋黄糕80克　生菜100克　食盐2克
水豆粉5克　胡椒粉0.3克　白糖20克　香醋15毫升
香油2毫升　化猪油85毫升　精炼油100毫升

烹饪步骤

1. 鱼肉洗净，揩干水分后去尽鱼刺，放入搅拌机制成鱼泥，再加入鸡蛋清、食盐（1克）、胡椒粉、水豆粉、化猪油（30毫升），继续搅打成鱼泥待用；大红椒、大青椒去籽后切成大片，入沸水中汆一下迅速捞出漂冷，再分别切成细丁装入盘中待用。
2. 鸡蛋黄糕切成细小丁；密质方面包片去硬边，切成长约6.5厘米，宽约4.5厘米，厚约1厘米的12张长方片；白糖、香醋、香油调制成糖醋味汁；生菜切成粗丝。
3. 用餐刀在面包片上均匀地刮抹一层厚约0.5厘米的鱼泥，将青辣椒丁、红辣椒丁、熟鸡蛋黄糕丁按红→黄→绿的顺序撒在鱼泥上。
4. 平底锅置火上，放入化猪油、精炼油，将面包片的鱼泥面朝上，逐个摆放入平底锅中，用小火、低油温煎至面包片呈浅金黄色，鱼泥成熟后起锅，用厨房吸油纸吸去多余油脂后摆入盘中，走菜时配上生菜丝和糖醋味碟即成。

烹饪细节

1. 鱼泥不可调得太稀，应确保利于定型。
2. 鸡蛋黄糕的制作方法，是去掉蛋清，只取蛋黄，在其中加入水豆粉及少许食盐搅匀，再经小火蒸制而成。
3. 煎炸面包片不可翻面，可用一小勺舀取热油不断浇淋在鱼泥上，以此加快鱼泥成熟。
4. 在实际操作中，可将刮好鱼泥的面包片整齐地摆在操作台上，用两根细长的竹签放在面包片上，将其均分为三等分，然后按照三个分隔区域在鱼泥上撒上不同的细丁，一是效率高，二是颜色界限分明。

包烤酿鱼

烹饪原料

活鲤鱼1尾（约600克）　猪肉馅100克　猪网油500克　生菜100克
碎米芽菜20克　干豆粉30克　食盐0.5克　生姜15克　大葱10克
鸡蛋清3个　泡红辣椒2根　胡椒粉1克　酱油8毫升　料酒50毫升
香油10毫升　化猪油80毫升　烤箱用锡纸1张

烹饪步骤

1. 鲤鱼宰杀后去尽鳞、腮、内脏，洗净后用毛巾揩干水分，先用刀在鱼身两侧各划几刀，再在鱼身两侧顺着鱼身的长度各划一刀，分别嵌入一根与鱼身等长的筷子，然后将酱油、食盐、胡椒粉、姜块（10克，拍破）、大葱（拍破）、料酒调匀，涂抹在鱼身内外码味5分钟后揩干水分待用；泡红辣椒去籽后剁细；鸡蛋与干豆粉调成全蛋豆粉。
2. 锅内下化猪油烧至五成热时，入猪肉馅炒散，再下酱油、料酒、泡红辣椒末、碎米芽菜、姜粒（5克）炒至油红、出香后起锅，待其晾冷填入鱼腹内待用。
3. 将猪网油平铺在砧板上，再把处理好的鲤鱼放在猪网油上，一边裹一边抹上全蛋豆粉，直到将猪网油完全包裹完，用全蛋豆粉封口；烤盘内垫上锡纸，放入包裹好的鱼，将烤箱温度设定为150 ℃，放入烤箱内将鱼身两面均烤至金黄色后出炉。
4. 用刀将网油酥皮划开，小心将鱼取出摆入盘内，并去掉鱼身上嵌入的筷子，将网油酥皮切成菱形块摆在鱼身两侧，生菜撕成小块装入碟中同主菜一同上桌即成。

烹饪细节

1. 鱼身上的水分一定要揩干；包鱼的猪网油一定要裹紧，翻烤的时候才不会烂。
2. 在鱼身两侧嵌入筷子，是为了使鱼身具有一定的支撑力，以防止在烹饪过程中造成鱼身断裂。
3. 此菜原来的烹饪方法是用钢叉把鱼叉好放在炭火上烧烤，随着环境保护的要求和厨房设备的现代化，现在使用烤箱制作，其成菜效果更好。

烹饪原料

鲶鱼1000克　猪肥瘦二粗肉丝100克　郫县豆瓣酱60克　泡红辣椒20克　姜粒20克　姜片10克　白糖20克　胡椒粉0.5克　味精2克　水豆粉15克　去皮独蒜50克　葱段80克　香葱15克　姜末10克　料酒50毫升　香醋30毫升　酱油15毫升　清汤300毫升　化猪油150毫升　精炼油1500毫升（约耗100毫升）

烹饪步骤

1. 鲶鱼治净，在鱼身两侧各划四刀，用姜片、葱段（10克）、料酒码味待用；猪肉丝码上食盐、胡椒粉、酱油、料酒、水豆粉待用；泡红辣椒剁细；香葱切成细葱花。
2. 锅中下精炼油烧至五成热时，用一干净的湿毛巾包住鱼头，先将鱼身放入锅中浸炸半分钟，再将整鱼滑入油锅中微炸半分钟后捞出沥油待用；独蒜入锅炸至象牙黄色后捞出。
3. 化猪油入锅烧热，下郫县豆瓣酱炒至酥香后，加入姜粒及清汤煮至出色、出味后打去料渣，将鲶鱼缓

犀浦鲶鱼

缓下入汤中，然后加入猪肉丝，边煮边浇淋汤汁，并用筷子将鲶鱼翻转一面，使其两面保持熟度一致，再将独蒜、葱段、姜片一同下入锅中，加盖小火焖煮片刻；起锅前调入白糖、酱油、味精，再下入剁细的泡红辣椒轻轻推匀。

4. 将烧好的鲶鱼出锅摆入盘中，猪肉丝摆在鱼身周围，独蒜以串珠样围在鲶鱼周边，葱段摆放在鱼身上。
5. 锅内余汤中加入香醋、水豆粉，勾芡亮油后淋于鲶鱼上，最后撒上细葱花即成。

烹饪细节

1. 此菜又名“肉丝烧鲶鱼”，甜、酸、咸、辣味突出，但甜酸味应略弱于鱼香肉丝，烹饪时需严格把握。
2. 用漏勺将鲶鱼迅速捞起沥油，其目的是防止鱼头因炸制时间过长而导致鱼嘴开裂，影响成菜美观，可用牙签插一下，感觉离骨即可。
3. 在烹饪的最后环节放入泡红辣椒，是因为汤汁的颜色已经足够红亮，故无须再借此增色，只取其味即可。

豆腐烧鱼腹

烹饪原料

草鱼腹600克　豆腐500克　大葱100克　郫县豆瓣酱80克　鲜红辣椒酱80克
辣椒粉10克　食盐30克　味精20克　生姜60克　豆粉100克　大蒜60克
白糖10克　酱油50毫升　香油50毫升　香醋5毫升　清汤600毫升　精炼油200毫升

烹饪步骤

1. 草鱼腹洗净，与豆腐同样，均切成长约7厘米，厚1. 5厘米，宽约4厘米的长方块，鱼腹块用食盐、料酒、生姜（拍破）、葱段码味；豆腐块先用开水加食盐烫一遍后再用清汤烫一下；两种辣椒酱剁细，余下的生姜、大葱切粒。
2. 炒锅中下精炼油烧至五成热时，将辣椒酱入锅炒香后下辣椒粉炒至油红，再下姜粒、葱粒、大蒜炒香，然后加入清汤、酱油、味精、食盐、白糖、香醋、香油、鱼腹块，待鱼腹块烧至入味后出锅放在盘子中央。
3. 将豆腐块放入锅中的汤汁中烧至入味后出锅，围在鱼腹块四周，再下水豆粉收浓锅中汤汁，出锅后淋在鱼腹块上即成。

烹饪细节

1. 此菜可做成酱油红烧味或家常味，鱼腹和豆腐均不能过油煎炸，豆腐只能用含有淡盐的开水除去豆腥味，再用清汤烫一下。
2. 成菜应保持豆腐和鱼腹的细嫩度，故此菜又名“烧双嫩”。
3. 烹饪此菜所用的鱼腹，可选用大草鱼或其他个头较大的淡水鱼。

五丁烧鲤鱼

烹饪原料

活鲤鱼1尾（约650克）　冬笋50克　小青椒50克　郫县豆瓣酱50克
水豆粉50克　肥猪肉50克　泡红辣椒20克　大葱白50克　生姜20克
大葱30克　蒜粒15克　白糖6克　食盐3克　胡椒粉0.5克　酱油20毫升
醪糟汁20毫升　香醋0.5毫升　料酒20毫升　清汤500毫升
化猪油100毫升　精炼油1000毫升（约耗100毫升）

烹饪步骤

1. 活鲤鱼宰杀后去尽鱼鳞、内脏、鱼鳃后洗净，在鱼身两侧各划五刀，用食盐、料酒、姜片（10克）、葱段（10克）码味10分钟，然后在鱼身内外涂抹酱油上色；肥猪肉、冬笋、小青椒、泡红辣椒、大葱均切成约1. 5厘米大小的丁；余下的生姜切成细粒。
2. 锅炙好，下精炼油烧至七成热时，将鲤鱼入锅略炸定型后捞起，待油温回升后，再次将鲤鱼入锅浸炸1分钟后捞起备用。
3. 炒锅中下化猪油，烧至五成热后，将郫县豆瓣酱入锅炒香、出色，先下肥肉丁炒散籽，再下冬笋丁、泡红辣椒丁、姜粒、蒜米炒香，然后加入清汤、食盐、胡椒粉、料酒、酱油、醪糟汁、白糖烧开，滑入鲤鱼，用小火慢烧至入味后捞出摆入盘中，将锅中汤汁用水豆粉收汁至浓，最后下葱丁、香醋，起锅后淋在盘中鱼身上即成。

烹饪细节

1. 此菜采用的是传统川菜中最为典型的家常烹饪方式，只用中火收汁。另外，此菜的传统做法只用泡红辣椒烹制，现在的做法中加入了郫县豆瓣，味道更厚，色泽更红亮。
2. 鲤鱼肉质较薄，划刀后鱼肉更易入味，且熟得快，但必须强调的是，刀口深度最好不要超过鱼肉的1/2，如果进刀太深，在烹制过程中很容易断裂，影响成菜效果。此外，由于鱼身划刀处较薄，容易断裂，所以在烧制过程中，使用炒勺的动作不可太大，以免破坏鱼身形态。
3. 炸鱼时需边炸边晃动锅体，以免鱼肉粘锅。

双味脆皮鱼条

烹饪原料

活草鱼1尾（约1000克） 西红柿沙拉酱200克 西红柿1个 泡红辣椒末100克
红油郫县豆瓣酱10克 白糖10克 水豆粉200克 面粉15克 姜末20克 蒜末20克
大葱段20克 香葱10克 生姜20克 食盐5克 酱油10毫升 香醋0.5毫升 干豆粉20克
料酒10毫升 清汤300毫升 香油10毫升 精炼油1000毫升（约耗200毫升）

烹饪步骤

1. 草鱼治净后斩去头、尾，从鱼身两侧片下鱼肉，切成长约6厘米，粗约2厘米见方的“大一指条”；将鱼头对剖后展开（不要砍穿），再将鱼尾修剪整齐，从根部剖开（使其能竖直站立），用食盐、大葱段、生姜（拍破，其余的切末）、料酒码制入味；西红柿切成半圆片；香葱切成小葱花；在面粉中加入水豆粉调成浓稠的混合糊。
2. 将鱼条上的调料清理干净，搌干水分，入混合糊中拌匀，锅中下精炼油烧至五成热时，将鱼条逐一放入油锅中炸为象牙黄色后捞出，沥干余油待用。
3. 锅中入精炼油（100毫升）烧至五成热时，下红油郫县豆瓣酱及泡红辣椒末炒至油红、出香，再下姜末、蒜末炒香，掺入清汤，调入酱油、味精、白糖烧入味，用水豆粉勾为薄芡成家常味汁，起锅时滴入两滴香醋，撒上葱花装入容器中。
4. 另起一锅，下精炼油烧至五成热时，将西红柿沙拉入锅推炒至油红、色亮，掺入少量清汤及食盐、白糖炒匀，用水豆粉勾为薄芡成茄味汁，出锅装入容器中。
5. 锅洗净，下精炼油烧至六成热时，将鱼头、鱼尾粘上少许干淀粉，分别入锅炸熟定型，捞出沥干余油后，竖立摆放在长条盘的两端；将西红柿片一字排开，竖立相叠排放在鱼头、鱼尾之间做成鱼脊状。
6. 锅中下精炼油烧至六成热时，将之前炸过的鱼条再次放入炸至色泽金黄后捞出，沥干余油后整齐摆放在西红柿片的两侧，一侧淋上家常味汁，撒上少许葱花；另一侧淋上茄味汁即成。

烹饪细节

1. 取鱼肉时，应将刀身紧贴鱼的大骨，此外还需将鱼肉偏厚的部分用刀片平，这样才能保证鱼条规格比较整齐。
2. 上浆的浓稠度很关键，面粉和干豆粉的比例以1：5为宜，冬季可用温水调和，其干稀度以能缓慢流动为宜。
3. 炸制鱼条时，一定要用中油温下锅，第一次是定型，走菜时需再回炸一次，以使鱼条上色、起酥。
4. 炒制茄味汁需一次性把油加足，在炒制过程中不可再次加油，以免油脂含量过重。

清蒸江团

烹饪原料

江团1尾（约850克）　猪网油400克　熟火腿50克　冬菇6个
熟冬笋50克　食盐15克　胡椒粉0.2克　姜片50克　葱段50克
香油50毫升　酱油50毫升　香醋20毫升　料酒60毫升

烹饪步骤

1. 江团宰杀后洗净，用开水烫一下，除去身上的黏液，再在身体两侧各剞5～6刀；火腿、冬笋、冬菇切成大片。
2. 将料酒、胡椒粉、食盐拌匀后均匀地涂抹在江团内外；取一大盘，放入江团，将火腿片、冬笋片、冬菇片间隔摆放在江团身上，姜片、葱段摆在两边，覆盖上猪网油，入笼蒸约20分钟至熟后拣去姜片、葱段，揭去猪网油。
3. 用酱油、香油、香醋、姜丝配成味碟，随江团一同上桌即成。

烹饪细节

1. 江团宰杀后可用开水烫一下，以去掉其身上的黏液。
2. 剞刀时要倾斜进刀，深度约1.5厘米，并根据江团大小确定剞刀数的多少。
3. 此菜的传统做法要搭配火腿片、冬菇片、冬笋片，现在做法有的要加一点葱丝。

如果说厨房是厨师的道场，烹饪就是修行。只有秉持匠心，耐得住寂寞，才能修得流香的正果，赢得滋味的奖赏。

碧波芙蓉

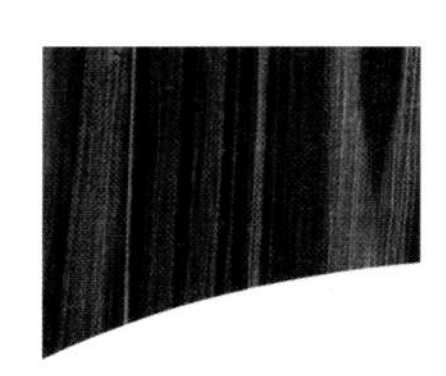

烹饪原料

龙利鱼肉350克　绿色菜心500克　干豆粉60克　食盐10克　白胡椒粉5克　味精2克　鸡蛋清3个　大红樱桃1颗　特级清汤500毫升　清汤500毫升　料酒5毫升

烹饪步骤

1. 龙利鱼肉洗净，用刀片成长约9厘米，宽约5厘米的大片，再用料酒、食盐、胡椒粉码入底味；将鸡蛋清与豆粉调制成蛋清豆粉。
2. 绿色菜心去除老叶、根、蒂后洗净，入开水中汆断生，迅速用冰水漂冷，再用清汤过滤两次去除水腥味，然后呈放射状整齐摆入汤盘内围边。
3. 锅内加清水煮沸，将码好味的鱼片两面先粘上一点干豆粉，然后再裹上蛋清豆粉，逐一滑入沸水内将鱼片烫至全熟，迅速捞起搌干水分，再将其一片压一片围成圆圈摆放在菜心中间，逐渐向中心收拢，最后拼装出一朵芙蓉花的样式。
4. 特级清汤烧开后，加入食盐、味精调匀，轻轻舀入汤盘内；用刀将大红樱桃划成花瓣形，点缀在鱼片花的中心即成。

烹饪细节

1. 鱼肉片好后要先把水分搌干，鱼片两边要先粘一点干淀粉，再粘蛋清淀粉，这样做可增加粘合力以防止垮芡。
2. 淀粉只能用豌豆粉，否则容易发黑。
3. 烫制鱼片时，一定要在水沸时下锅，这样可迅速把鱼片表层的蛋清豆粉烫熟定型，形成保护膜，从而避免垮芡的现象，但鱼片在锅中烫制的时间也不宜过长，否则也会造成垮芡。

菠饺鱼肚

烹饪原料

发制鱼肚200克　猪肉末100克
熟鸡肉80克　熟金华火腿30克
熟冬笋尖60克　面粉120克
胡椒粉0.3克　食盐2克
味精0.2克　菠菜汁100毫升
姜片15克　酱油0.5毫升
料酒20毫升　化鸡油20毫升
葱段15克　化猪油100毫升
清汤250毫升　特级奶汤600毫升

烹饪步骤

1. 将发制鱼肚用刀片成长约6. 5厘米，宽约4. 5厘米的薄片；熟鸡肉、熟金华火腿、熟冬笋尖均切成相同的大片。
2. 猪肉末加食盐、酱油、味精、胡椒粉、料酒、清汤拌成猪肉馅料。
3. 面粉加菠菜汁揉成面团，先分为24个剂子，再擀成面皮，包入猪肉馅料，做成菠饺生坯。
4. 锅内下化猪油烧至三成热时，下姜片、葱段煸香，先掺入特级奶汤熬制10分钟后打尽料渣，再下鸡肉片、火腿片、笋尖片煮5分钟后捞入盘中，然后下鱼肚烧制5分钟后捞出盖在鸡片、火腿片、冬笋片上。
5. 菠饺生坯入开水锅中煮熟后摆在鱼肚四周围成一圈。
6. 锅内将余下的清汤加水豆粉勾成透明的玻璃芡，加入化鸡油，出锅后均匀地淋在鱼肚和菠饺上即成。

烹饪细节

1. 鱼肚需提前发制好。
2. 此菜中的菠饺，是用纱布包裹菠菜挤出汁水，再将其加入到面粉中揉成绿色面团，然后包成饺子，但形状不能为北方水饺，而应做成四川“钟水饺”的那种扁豆形。

烹饪原料

草鱼1尾（约600克）　猪肉末200克　泡红辣椒150克　泡仔姜粒10克

泡青菜梆粒10克　香葱50克　细姜粒25克　胡椒粉0.2克　味精0.3克　食盐2克

白糖10克　水豆粉70克　酱油20毫升　香油30毫升　料酒60毫升　清汤250毫升

精炼油1000毫升（约耗150毫升）

泡椒辣子鱼

烹饪步骤

1. 草鱼宰杀后去尽鱼鳞、鱼鳃、内脏，洗净后在鱼身两侧各剞4刀，再在鱼身内外抹上食盐（1. 5克）、料酒（30毫升）。
2. 泡红辣椒去蒂、去籽后剁细；香葱切成葱花。
3. 锅内下精炼油烧至七成热时，将草鱼入锅浸炸至象牙黄后捞出，沥去余油。
4. 锅内留油约100毫升，下猪肉末煵散后，先入泡红辣椒粒、姜粒炒至油红、出香，再下料酒、清汤、泡仔姜粒、泡青菜梆粒、白糖、胡椒粉、酱油、食盐调好味，然后将鱼入锅，用小火烧至汁水红亮、浓稠时，下味精调味，最后用水豆粉收汁，起锅装盘后撒上葱花即成。

烹饪细节

1. 制作此菜一定要加入质地脆性的泡菜，如泡仔姜和泡青菜梆，以此突出泡菜味。
2. 炒制辅料一定要确保颜色红亮。

砂锅鱼头

烹饪原料

花鲢鱼头1个（约1000克） 水发玉兰片50克 熟猪肚80克 熟猪舌50克 熟猪心50克 熟鸡肉50克 熟火腿30克 大金钩20克 水发香菇50克 姜片50克 大葱30克 胡椒粉0.2克 料酒30毫升 化猪油20毫升 食盐5克 清汤2500毫升 精炼油1500毫升（约耗200毫升）

烹饪步骤

1. 鱼头去鳃后洗净，漂去血水，沥干水分后，用食盐、料酒、姜片、葱段码味约5分钟；香菇片成大片；玉兰片、猪肚、猪舌、猪心、鸡肉、火腿均切成长约6厘米，宽约3厘米的大片，并将这几种片料混合拌匀待用。
2. 金钩洗净后沥干水分；清汤中调入胡椒粉、料酒、食盐。
3. 锅内下精炼油，烧至五成热时，将鱼头入锅浸炸至表面呈浅象牙色后捞出。
4. 砂锅置煲仔炉上，放入大葱、姜片垫底，再放上鱼头，注入调好味的清汤淹没鱼头，用大火烧开后打去浮沫，继续冲烧约30分钟，至汤如奶色、香味浓郁时，捞出葱、姜，再将拌和好的片料均匀地撒在鱼头周围，掺入化猪油烧约10分钟即成。

烹饪细节

1. 这道菜的味道好不好，主要取决于鱼头的腌制，码味的作用一是去腥，二是入味，所以鱼头的底味要码足。
2. 鱼头必须油炸至熟，不可煎熟，也不要拍粉，直接炸成浅象牙黄色，掺汤后要用大火冲烧，汤汁浓不浓，味道鲜不鲜都与此有关。
3. 汤汁要一次性掺够，如果中途再次加汤，汤色会冲淡。
4. 用姜、葱垫于锅底，一是为了去腥；二是可避免鱼头粘锅烧煳。
5. 辅料不宜过早加入，否则会冲淡汤色。
6. 选用煲仔炉是因其传热均匀，且冲力不大，即使全程使用大火冲烧，也不易将鱼头冲烂。

银丝中段

烹饪原料

草鱼1尾（约700克） 大白萝卜500克 丝瓜1根
熟瘦火腿50克 食盐20克 白胡椒粉1克 味精1克
姜片30克 姜泥5克 大葱段50克 水豆粉16克
香醋20毫升 料酒50毫升 清汤800毫升
化鸡油25毫升 化猪油600毫升（约耗100毫升）

烹饪步骤

1. 草鱼宰杀后去尽鱼鳞、鱼鳃、内脏后洗净，揩干水分，去掉鱼头、鱼尾，只留鱼身中段，在鱼身两侧各划几刀，用葱段（10克）、姜片（20克）、料酒（20毫升）、食盐（2克）码制约5分钟。
2. 火腿切成长约10厘米的二粗丝；白萝卜去皮后洗净，切成长约10厘米，粗约0.5厘米见方的头粗丝；丝瓜刮去表层外皮，仅取绿皮，切成长约10厘米的二粗丝。将萝卜丝、丝瓜丝分别汆水至熟，并用冰水漂冷。
3. 锅内下化猪油（500毫升）烧至五成热时，将鱼中段入锅微炸至定型后出锅，滤去余油；锅内另下化猪油（100毫升），入余下的姜片、葱段煸炒，掺入清汤煮开，捞出姜片、葱段，下食盐、胡椒粉调味，再将鱼中段放入汤中，用中火煮至汤汁乳白时捞出摆入盘中，将萝卜丝下入汤中煮至熟软，捞出摆在鱼中段周围，再下火腿丝、丝瓜丝略煮1分钟，放入味精，用水淀粉勾成薄芡，最后加入少许化鸡油，起锅淋入盘中。走菜前，用香醋、姜泥兑成姜醋味碟，与主菜同上即可。

烹饪细节

1. 萝卜丝汆水是为了去除萝卜丝的涩味。用冰水迅速冷却，是为了避免因温度过高而焖至变色。
2. 这道“银丝中段”又名“萝卜丝中段”，是一款半汤菜，所谓半汤菜，是指汤与原材料的比重各占一半。在宴席中，该菜通常作为二汤菜，也就是前菜之后的第二道菜。
3. 鱼中段在奶汤中煮成乳白色时才能下萝卜丝，这样更利于将鱼肉和奶汤的香味渗入到萝卜丝中。

白汁鱼

烹饪原料

活鱼1尾（约650克，鲤鱼或草鱼）　带皮熟鸡脯肉50克

熟火腿50克　熟冬笋尖60克　大金钩10克　水发口蘑30克

葱白60克　生姜20克　胡椒粉0.3克　白糖0.5克　食盐5克

味精1克　水豆粉30克　料酒30毫升　清汤500毫升

化鸡油30毫升　化猪油800毫升（约耗100毫升）

烹饪步骤

1. 活鱼宰杀后去尽鱼鳃、鱼鳞、内脏，洗净后在鱼身两侧剞成鱼鳃形斜刀纹，用少量姜片、葱白段、料酒、食盐码味待用；熟火腿、熟鸡脯肉、熟冬笋尖均切成长约5. 5厘米、宽约3. 5厘米、厚约0.3厘米的大片。
2. 锅炙好，放入化猪油烧至六成热时，将鱼入锅炸至黄色时出锅，沥尽余油。
3. 锅内留油约100毫升，下姜片、葱白段煸炒出香后，加入清汤、食盐、白糖、料酒、胡椒粉烧开，再下火腿片、鸡脯肉片、冬笋片略烧片刻，将鱼入锅烧制几分钟，中途翻面一次后再烧几分钟，起锅摆入条盘中。
4. 将配料片捞出整齐地叠放在鱼身上，滤去汤汁中姜片、葱白段，用水豆粉勾成二流芡，加入化鸡油，出锅后均匀地淋在鱼身及配料上即成。

烹饪细节

1. 此菜为成都著名餐厅“努力餐”的名菜之一，重点是突出“三鲜味”，配料可用鸡肉、火腿、冬笋，也可选用香菇、火腿、鲜笋。
2. 炸鱼时注意不要把鱼肉炸透，炸制时间大致控制在1分钟左右即可。

三鲜烧鱼唇

烹饪原料

水发鱼唇600克　去骨熟鸡肉80克　熟火腿50克　黄秧娃娃菜200克
生姜20克　熟冬笋100克　葱段20克　水豆粉20克　冰糖3克
酱油5毫升　料酒10毫升　化猪油80毫升　化鸡油10毫升
鸡汤500毫升　精炼油50毫升　清汤100毫升

烹饪步骤

1. 鱼唇洗净后去掉碎骨，片成长约6厘米，宽约4厘米的大片，入沸水中汆后待用；熟鸡肉、熟火腿、熟冬笋均切成和鱼唇一样大小的片。
2. 黄秧娃娃菜洗净，先纵向对剖为二，再对剖为四，手持菜叶一端，将菜头没入沸水中煮熟，再全部没入沸水中汆熟，捞出后立即用冷水漂冷，并注意保持形态完整。
3. 锅内下化猪油、精炼油烧至五成热时，将大葱段、生姜（拍破）下锅煸炒至出香，再下鸡汤、冰糖、酱油，煮出味后拣去姜块、葱段。
4. 将鸡肉片、火腿片、冬笋片、食盐下入汤中烧制5分钟，捞出摆入盘中垫底。
5. 将漂冷的黄秧娃娃菜轻轻挤干水分，再用烫的清汤过滤一下，围摆在盘边；鱼唇入汤中煨至质软、入味后覆盖在三鲜食材上。
6. 将锅内余汤用水豆粉勾成玻璃芡，再加入化鸡油推匀，起锅淋在鱼唇及娃娃菜上即成。

烹饪细节

1. 应以海鱼鱼唇作为制作此菜的主料，以肉质较为厚实的鱼唇为佳，一是比较好发制；二是刀工处理也相对比较容易。
2. 娃娃菜在这道菜品中不仅仅是起装饰作用，还必须满足可以食用的要求，先后下锅汆水的目的是让娃娃菜成熟度一致，口感均匀。
3. 烧制过程中火力不宜太大，否则锅边易烧煳，从而影响到汤色和口感。由于鱼唇本身自带胶质，所以不能完全采用干烧的方式收汁，应带一点汤汁，勾薄芡。
4. 鸡肉、火腿、冬笋入汤中调味时，不能用酱油，否则会导致汤汁变色。

家常刨花蒸肉

烹饪原料

猪三线五花肉500克　炒制蒸肉米粉100克　红油郫县豆瓣酱20克
香葱叶20克　郫县豆瓣酱20克　花椒4克　姜米8克　食盐0.2克
豆腐乳15克　酱油10毫升　咸红酱油5毫升　清汤30毫升
醪糟汁5毫升　红油20毫升　生菜籽油30毫升

烹饪步骤

1. 猪肉刮洗干净，切成长约8厘米，厚约0.25厘米的大片；香葱叶与花椒一同宰成细的椒麻糊；两种豆瓣酱混合剁细。
2. 将椒麻糊、混合豆瓣酱、食盐、豆腐乳、醪糟汁、姜米、酱油、咸红酱油、生菜籽油、猪肉片一同拌匀。
3. 取一不锈钢托盘，均匀地刷上一层精炼油，将拌好味的肉片轻轻地平铺在托盘上。
4. 待蒸笼（或蒸箱）上汽后，将托盘放入，用大火蒸制约10分钟，取出后用筷子将肉片拨松，使其不要与托盘发生粘连，再用大火蒸5分钟，直至肉片成卷曲的刨花状即成。

烹饪细节

1. 猪肉切片宜用推刀手法，先把猪肉稍微冻一下使其变硬，更有利于切出较薄的效果，如果条件允许，也可采用刨片机操作。肉片一定要薄而大，否则受热后不容易起卷。
2. 肉片拌味时，应先用米粉和汤将其拌匀，最后加入菜籽油和咸红酱油，否则汤汁不容易充分渗入到米粉和肉片中，还会出现硬心的现象。另外，由于肉片质地很薄，故码肉时动作要轻微，不要用手捏，最好采取捞拌的方式，边抖边拌。
3. 只需将肉片轻轻铺在不锈钢托盘上即可，不能相互重叠，也不要用力压实，否则难以起卷。
4. 米粉不宜打得太细，应保持一定的颗粒状。
5. 此菜的成品标准为干香，与粉蒸肉的炽糯完全不同，肉片成熟即可，口感可稍硬，以入口后肉皮略带一点韧性为佳。

软炸蒸肉

烹饪原料

猪三线五花肉500克　面包糠300克　花椒2克　香葱叶30克　五香粉0.2克　细姜粒6克　鸡蛋3个　白糖25克　食盐0.3克　醪糟汁10克　豆腐乳15克　蒸肉米粉100克　生菜100克　香醋15毫升　甜红酱油15毫升　酱油30毫升　香油5毫升　精炼油1000毫升（约耗100毫升）

烹饪步骤

1. 五花肉刮洗干净，切成长约8.5厘米、厚约0.5厘米的大片；花椒、香葱叶剁成椒麻糊，将五香粉、细姜粒、醪糟汁、豆腐乳、白糖（留15克另用）、食盐、甜红酱油、酱油拌匀后一并倒入盆内，与五花肉片拌匀码味15分钟，再将大米粉倒入盆中与五花肉片拌匀；鸡蛋调成蛋液；将白糖、香醋、香油调成糖醋味汁；生菜洗净，沥干水分后切成细丝。
2. 将码好味的五花肉片逐一摆入蒸碗内，用大火蒸至熟软后取出晾冷，再逐一裹上调好的蛋液，并在肉片两面粘上面包糠。
3. 锅内下精炼油，待油温烧至五成热时，将肉片放入锅中炸成浅金黄色后捞起，沥干余油后摆入盘中，与生菜丝、糖醋味汁一同上席即成。

烹饪细节

1. 肉片不能蒸得太软，否则不利于上浆和粘上面包糠。
2. 由于肉片经过前期蒸制已完全熟透，因此在油炸时要控制好油温，只需把外层粘裹的面包糠炸脆即可，颜色应保持浅金黄色。

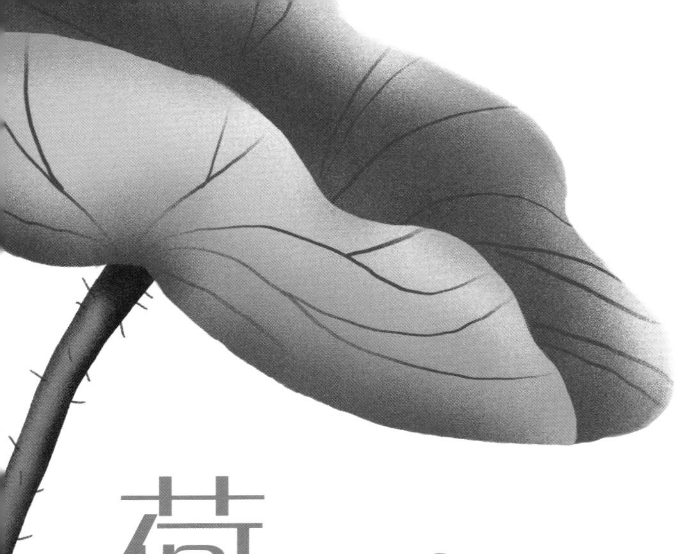

荷叶蒸肉

烹饪原料

带皮猪腿肉500克　青豆130克　蒸肉米粉130克　豆腐乳8克　花椒2克　姜末20克　葱末20克　五香粉0.5克　香葱叶20克　红糖末12克　鲜荷叶4张　料酒20毫升　酱油15毫升　咸红酱油15毫升　醪糟汁10毫升　冷鲜汤50毫升　精炼油50毫升

烹饪步骤

1. 香葱叶、花椒宰细成椒麻糊。
2. 猪腿肉洗净，切成长约7厘米、厚约0.5厘米的片，将肉片、豆腐乳、五香粉、咸红酱油、料酒、酱油、醪糟汁、红糖放入盆中，用手抓拌均匀后腌制10分钟。
3. 在腌制入味的肉片中加入米粉抓拌均匀，如果感觉质地较干，可加入少许冷鲜汤，然后再加入精炼油拌匀，使其滋润。
4. 青豆洗净后滤干水分；荷叶洗净，用开水烫一下，去除茸毛并使其变软，然后切成20张大扇形，将叶面向下铺开，在扇形荷叶的宽边处摆上一片拌好的肉片，先在肉片上摆4粒青豆，再盖上一肉片，将荷叶宽边卷起盖住肉片，再将两边向内折叠后包住肉片，顺其方向把荷叶包裹完，剪去多余部分，使其形成一个长方形。
5. 选取一带盖的正方形木质蒸笼，将包好的荷叶肉片整齐地摆入其中，用大火蒸约半小时至熟，走菜时直接将蒸笼置于盘上即可。

烹饪细节

1. 此菜咸中带甜，是采用传统粉蒸肉的制作方法，故不需加辣豆瓣酱。
2. 荷叶正面颜色碧绿，呈现在外更好看，包肉片的时候注意颜色统一。由于用荷叶包裹肉片时没有使用绳子，所以入笼时可尽量摆放得紧密一些，应压住收尾处的荷叶边，以免因受热膨胀而致荷叶松散、变形。
3. 除青豆外，也可依据季节变化选用青豌豆等食材。

烹饪原料

猪三线五花肉500克　宜宾芽菜120克　泡红辣椒15克　大葱20克　豆豉15克
咸红酱油10毫升　酱油10毫升　料酒5毫升　食盐3克　精炼油50毫升

烹饪步骤

1. 五花肉用温水洗净，入锅煮至七成熟后捞出，趁热抹上咸红酱油，晾干后待用。
2. 炒锅置中火上，下精炼油烧至五成热后，将肉皮向下，置油锅中均匀烙烫至起细皱（俗称“鸡皮皱”），待肉皮呈深棕红色时，出锅晾冷。
3. 将五花肉切成长约10厘米，宽约4厘米，厚约5厘米的大片共24片，具体操作时，可依据餐具大小适当调整，长度参照蒸碗半径的1/2（可切一根葱作为参照物），数量应为4的倍数。
4. 宜宾芽菜洗净，沥干水分后切成长约1厘米的短节，入锅内煸香待用；取一半豆豉捣蓉，与芽菜拌匀；泡红辣椒、大葱均切成马耳朵形。
5. 选一土砂碗，将肉片按6片一组，肉皮向下在碗中摆成“卍”字形。
6. 在肉片上放入切好的泡辣椒节、大葱节及剩余的一半豆豉，将咸红酱油兑上少许料酒、食盐和清水，均匀地淋在肉片上，再盖上拌匀的芽菜，与蒸碗口齐平，淋上酱油。
7. 将蒸碗放入笼锅，用大火蒸制1小时至肉片软糯（不可过于软糯而导致装盘不成形）。
8. 取一白色圆形平盘，将蒸碗取出后反扣于平盘上，小心移去蒸碗即成。

烹饪细节

1. 顾名思义，咸烧白一是要有“白”的呈现，虽然肉皮为深棕红色，但肥肉部分颜色不可太深，应层次分明；二是需要“烧”，处理好肉皮。以前的传统做法是将肉皮直接放在火上烧，再用湿毛巾盖在肉皮上淋水焖一下，然后拿刀边刮边冲水，现在直接在

锅中烫皮即成，有很多餐厅的做法是直接用油浸炸。

2. 摆放肉片时，蒸碗中要有一个中心点，需按顺时针方向逐一摆放。
3. 选用土砂碗是因为其具有透气、吸油的作用，蒸制效果比较好，现在很多餐厅会在碗底垫一层保鲜膜，这样更利于翻碗，完整取出食材。

龙眼咸烧白

烹饪原料

猪三线五花肉500克　宜宾芽菜150克　豆豉40克　食盐1.5克　糖色5克　姜片5克、葱段5克　泡红辣椒20克　酱油3毫升　咸红酱油16毫升　清汤10毫升　精炼油250毫升（约耗50毫升）

烹饪步骤

1. 五花肉入清水中煮至半熟后捞出，用毛巾搌干水分，趁热抹上咸红酱油、晾干。
2. 锅内下精炼油，烧至五成热时，将肉皮向下放入油中浸炸至浅红色后捞出、晾冷；芽菜切成长约1厘米的短节，用酱油拌匀；泡红辣椒去籽，切成长约2厘米的短节。
3. 将晾冷的五花肉切成长约10厘米，宽约4厘米，厚约0.2厘米的长片，每片卷入一节泡红辣椒和两粒豆豉，逐一裹成圆筒形。
4. 取一圆形蒸碗，垫上保鲜膜，将肉卷皮向下逐一紧贴碗底摆入其中；酱油加清汤、食盐、糖色兑成汁水后淋入肉卷中，直至浸到肉皮，将拌好的芽菜节铺在肉卷上，并保持与碗口齐平，稍稍压紧，再摆上少许泡红辣椒节、姜片和葱段，入笼用大火蒸制30分钟。
5. 取出蒸碗，拣去泡红辣椒节、姜片和葱段，翻扣在圆盘内即成。

烹饪细节

1. 抹咸红酱油时一定要趁热操作，并且要涂抹均匀，这样才能让肉皮充分吸收而保持不脱色。此外，淋入糖色汁水的目的，是为了使肉皮颜色更红亮，成菜口感更滋润。
2. 芽菜本身的咸味较重，一定要反复清洗，以减少一些咸味，仅保留少许底味即可。
3. 蒸制时间不可过长，让肉皮保持既软又糯的程度最佳。

红烧筋尾舌

烹饪原料

猪舌250克　猪尾6根　鲜猪蹄筋300克　瓢儿白250克　葱段20克　姜片15克
冰糖10克　食盐15克　酱油12毫升　料酒30毫升　清汤1000毫升
化猪油80毫升　精炼油50毫升

烹饪步骤

1. 猪舌洗净，入沸水中煮5分钟后刮去粗皮，切成粗约2厘米见方，长约6厘米的大“一”字条；猪尾去尽残毛后刮洗干净，切成与猪舌同样长的条；剔净猪蹄筋上附着的瘦肉后洗净，切成比猪舌稍长的条。将以上三种原料加姜片、葱段、料酒入清水锅中去尽血水，捞起沥干水分待用。
2. 炒锅内入化猪油、精炼油烧至四成热时，将猪舌、猪尾、猪蹄筋、姜片、葱段、料酒入锅煸炒至干，倒入清汤（约4炒勺），加冰糖、酱油上色，再入食盐炒匀，继续煨至上色、软糯后，拣去姜片、葱段，用中火收至汁水浓稠。
3. 瓢儿白对剖为二，氽水后以放射状摆入盘中围边，将煨好的主料出锅置于圆盘中央，淋上锅内余汁即成。

烹饪细节

1. 由于猪蹄筋受热后会大幅收缩，所以切条时应稍长，其收缩后即与猪舌等长。
2. 由于此菜中的猪尾、猪蹄筋胶质含量很重，所以无须勾芡。
3. 此菜色泽明亮，与传统红烧菜品所呈现的红亮色有明显区别，所以在烹制过程中无须专门上糖色。

鹅黄肉卷

烹饪原料

去皮肥瘦猪肉250克　鸡蛋5个　泡红辣椒末40克　姜米10克　蒜米10克　细葱花10克　胡椒粉0.2克　干豆粉50克　白糖16克　食盐8克　香醋16毫升　酱油20毫升　料酒15毫升　水豆粉30克　清汤100毫升　精炼油1000毫升（约耗120毫升）　鲜花及芹菜叶若干

烹饪步骤

1. 取3个鸡蛋加10克水豆粉搅打匀，在小火上用平底锅摊成3张蛋皮；去皮肥瘦猪肉剁细，加入食盐、料酒、胡椒粉、豆粉、鸡蛋黄调成馅料；用余下的蛋清与干豆粉调成蛋清豆粉。
2. 将蛋皮摊开，切去两边圆弧部分成形，先抹上一层蛋清豆粉，再均匀地抹上猪肉馅料，然后裹成长条，用刀背擀成宽约4厘米，厚约0.8厘米的蛋卷条。
3. 切去蛋卷条两头另作他用，在蛋卷条的一端，用刀按“一”字形等分切缝，留一半不切断，每五刀一断（约3.5厘米一段），切为成形的蛋卷段备用。
4. 锅内下精炼油烧至五成热时，将漏勺用油浸润均匀，将蛋卷段的花缝略为分开呈放射状摆入漏勺中，入油中浸炸至颜色金黄时捞出，沥油备用。
5. 取条形平盘一只，将蛋卷条摆为放射状花形，将鲜花摆在中央做花心，用芹菜造型成枝叶。
6. 另起一锅，下100毫升精炼油烧至五成热时，入泡红辣椒末、食盐（0.5克）、白糖、姜米、蒜米、细葱花、水豆粉、清汤、酱油、香醋烹制成鱼香味汁（以上配料比例是按照250克猪肉的分量来计算的），出锅后淋在蛋卷上即成。

烹饪细节

1. 由于此菜色如鹅黄色，故名“鹅黄肉卷”。
2. 在摊制蛋皮时，加点水豆粉可增加蛋皮韧性，搅打时不要过分用力，调散即可，否则会因带入空气而形成蜂窝孔。
3. 蛋清豆粉一定要充分抹匀，尤其是封口部分，否则容易露馅。
4. 用油浸润漏勺是为了防止食材粘连，以防止拉扯蛋卷时导致形状损坏。炸制蛋卷的油温不宜过高，中油温即可，由于蛋皮很薄，油温过高易煳，要确保蛋皮炸成鹅黄色，而里面的肉馅刚熟还有一定的嫩度。
5. 鱼香味汁不可淋得太多，否则会影响到成菜的美观度，只需淋在花朵内圈，让汁水自然漫流到花瓣缝隙之间即可。
6. 鱼香味汁不宜过早加入，否则易造成蛋卷回软。

宫保肉花

烹饪原料

猪里脊肉300克　干辣椒25克　生姜20克　大葱40克　大蒜10克
食盐2克　白糖3克　花椒20粒　水豆粉20克　油酥花生仁20克
料酒20毫升　酱油30毫升　香醋3毫升　红辣椒油20毫升　清汤50毫升
化猪油50毫升　精炼油120毫升

烹饪步骤

1. 猪里脊肉去尽筋膜，修齐边缘，先切“十”字花刀，深度约3/4，再切成长约4厘米，宽约3.5厘米的斜方块。
2. 生姜、大蒜切成小方片；大葱切成长约3厘米的马耳朵形；干辣椒去籽，切成长约2厘米的节。
3. 在肉花中加入少许料酒、酱油、食盐、水豆粉码味；取一只码斗，放入水豆粉、酱油、白糖、清汤、香醋、食盐兑成滋汁。
4. 炒锅内下精炼油、化猪油，烧至六成热时（此步骤需要油多），将肉花滑入锅中,拉油至散籽、翻花后捞出沥油待用。
5. 在锅内余油中下干辣椒节炝至浅棕红色，再入花椒、姜片、蒜片翻炒出香，然后将肉花滑入锅内，用大火急速翻炒，接着下葱节炒匀，迅速烹入兑好的滋汁，待汁水收裹在食材上后，下红辣椒油、油酥花生仁翻炒均匀，起锅装盘即成。

烹饪细节

1. 这道菜是典型的煳辣味，什么时候下料很重要，干辣椒在开始由红转为浅棕红的时候，说明油温已达到150℃以上，此刻应迅速烹入主料，虽然主料入锅后油温有所降低，但在此过程中，干辣椒还会不断受热，最终让颜色变成棕红色。油温一定要控制在中油温，以便于收汁亮油。
2. 制作此菜的刀工很重要，剞刀要均匀，深度为3/4即可，太浅了花翻不开，太深了容易断裂。
3. 码芡也很关键，凡是剞花刀的食材，水豆粉一定不能太浓、太干，否则易造成粘连而不利于翻花。
4. 肉花滑入锅中后，最好用筷子将其拨散，以防止粘连。

清汤腰方

烹饪原料

大白猪腰4个（约500克） 嫩菜心50克 食盐3克 味精0.1克 胡椒粉0.1克 酱油0.5毫升 特级清汤800毫升 鸡蛋皮半张 圣女果1个 蒜苗叶1根

烹饪步骤

1. 猪腰洗净后对剖为二，去除油皮、腰臊，翻面修平边缘及弧形部分，再切成“十”字花刀，下刀深度为猪腰厚度的2/3，然后再切成边长约4. 5厘米的方形块，用清水洗净；锅内加清水烧开，下腰方煮至三成熟后捞出，迅速漂入冷水中待用；圣女果去心后切丝；蛋皮切为细长丝，挽成圆圈，把圣女果丝包在中间，用氽水后的蒜苗丝扎紧，再翻成菊花形；嫩菜心用沸水烫熟后漂冷。
2. 锅内入特级清汤烧开，调入食盐、味精、胡椒粉，将腰方放入烧开的清汤中烫一下，捞起沥干余汁，再次放入烧开的清汤中氽一次，至刚熟为度。
3. 取圆形半汤盘一只，将氽熟的腰方摆入汤碗中，中央摆上蛋皮菊花，放入烫熟的嫩菜心，再灌入余下的特级清汤即成。

烹饪细节

1. 顾名思义，此菜形状为正方形，故造型要求腰方的每个面都应平整，所以很考刀工。剞刀深度不可太深，以免受热时因翻花而影响美观，剞刀的目的一是美观；二是增大受热面积，加快成熟速度；三是利于入味。
2. 原料要选用大白猪腰，不能用颜色很深的“血腰”，剞刀之前用清水浸泡一遍是为了去腥，只要选料新鲜、干净、不带血水，处理时将内部油皮和腰臊去除干净、充分冲水即可。
3. 腰方氽水几秒便可，目的是去除自来水的味道和加热腰方。

厨师就像一只蝴蝶，如果没有破茧的勇气，哪来流香的滋味。从一定意义上讲，烹饪就是厨师精神世界的一道风景。

宫保腰块

烹饪原料

猪腰400克　干辣椒25克　花椒20粒　生姜8克　大蒜8克　大葱50克　水豆粉35克　食盐0.8克　胡椒粉1克　白糖10克　去皮油酥花生仁50克　红辣椒油20毫升　酱油32毫升　香醋10毫升　香油1毫升　料酒20毫升　清汤50毫升　化猪油50毫升　精炼油400毫升（约耗180毫升）

烹饪步骤

1. 猪腰洗净，用毛巾揩干表面水分，对剖为二，去尽腰臊，用刀在猪腰剖面切“十”字花刀，深度约3/4，然后将猪腰翻到背面，从背面下刀切成长约4. 5厘米，宽约3厘米的旗子块，用料酒、水豆粉、食盐拌匀码味；干辣椒、大葱均切成长约2厘米的段，生姜、大蒜切片；白糖、食盐、胡椒粉、酱油、香醋、汤、水豆粉、香油、料酒兑成滋汁。
2. 锅置火上，加入精炼油烧至五成热时，下腰块滑散、成形后，迅速捞起沥油待用。
3. 锅内留精炼油50毫升，另下化猪油烧至五成热时，入干辣椒节炒至棕红色，再下花椒、姜片、蒜片、葱节爆香，接着下腰块迅速翻炒，然后烹入兑好的滋汁炒匀收汁，起锅前加入红辣椒油增色，最后撒入花生仁起锅即成。

烹饪细节

1. 烹制菜肴前一定要冷锅，在烹饪的时候才不容易粘锅。
2. “宫保”不是一种味型，而是一类菜品的统称，味型叫“煳辣味”。“煳辣”与“宫保”的区别，就在于是否加有花生仁，加了花生仁是宫保菜，没有就是煳辣菜。也可将花生仁换为腰果等其他坚果。

五彩狮子头

烹饪原料

猪肉碎400克（肥三瘦七） 熟冬笋250克 去皮青笋100克
去皮红萝卜80克 水发香菇80克 熟咸鸭蛋黄6个 蛋皮1张 鸡蛋1个
食盐20克 水豆粉100克 生姜20克 葱段20克 味精2克 化猪油50毫升
酱油30毫升 料酒10毫升 清汤700毫升 精炼油1000毫升（约耗150毫升）

烹饪步骤

1. 将1/3冬笋切为细粒，余下的切成长约7厘米，宽约2. 5厘米，厚约0.3厘米的大片；青笋、红萝卜、香菇均切成与冬笋同等大小的片，用开水汩断生后漂冷；生姜（拍破）、葱段加清汤（100毫升）泡汁待用。
2. 在猪肉碎中加入冬笋丁、食盐、酱油、水豆粉、鸡蛋、料酒、姜葱汁、清汤（200毫升）搅拌成质地较干的肉馅。
3. 咸鸭蛋黄压成泥，做成5个小圆球，再将肉馅分成5份，分别包入蛋黄球，再做成略扁的圆形狮子头生坯。
4. 锅内下精炼油烧至六成热时，将狮子头生坯逐一入锅炸至色泽金黄、定型后捞出。

5. 锅内入清汤、酱油、食盐、料酒，将炸好的狮子头放入烧制15分钟，再移至不锈钢大凹盘中，上笼蒸至熟透、入味后取出，摆入大盘中。将剩下的汤汁倒入锅中，下入五种片料烧约5分钟，放入味精，再用水豆粉勾成二流薄芡，最后加入化猪油后起锅，放在盘中的狮子头上即成。

烹饪细节

1. 猪肉粒的肥瘦比例为“肥三瘦七”，刀工处理不能太细，这样口感会更好一些。
2. 如果希望狮子头入口滑爽，可适量加入荸荠丁替代冬笋丁。

烹饪原料

猪肚头250克　生菜50克　沙拉酱20克　豆粉30克

花椒粉3克　炒食盐3克　姜片5克　鸡蛋清2个

葱段10克　香油0.8毫升　香醋20毫升

料酒5毫升　精炼油400毫升

化猪油100毫升（两种油脂共耗约80毫升）

软炸肚头

烹饪步骤

1. 猪肚头去尽筋皮，先剞成“十”字花刀，再切成长约4厘米，宽约2厘米的条，加入料酒、姜片、葱段码味待用；鸡蛋清与豆粉调制成蛋清豆粉。
2. 去掉码制肚头的姜片、葱段，放入蛋清豆粉调匀；炒食盐与花椒粉拌成椒盐味碟；香油、香醋兑成味碟。
3. 反复炙锅数次，放入精炼油、化猪油，烧至四成热时，将肚头陆续下锅微炸至定型后捞出沥油，之后再以五成油温将肚头入锅回炸一次至熟，沥油或用吸油纸吸干余油后装盘，与椒盐味碟、香醋味碟、生菜叶及沙拉酱同上即成。

烹饪细节

1. 所谓软炸，即低温油炸，口感不能硬脆，色泽也不能像酥炸那样金黄，应保持白色，故油温不可太高，可用筷子蘸取少许蛋清豆粉浸入油中，只要蛋清豆粉不脱落即可。
2. 务必将蛋清豆粉里的豆粉疙瘩全部捏碎、调匀，否则入锅油炸时易引起爆裂；尽量选用质地厚实的猪肚头，成菜效果更好。
3. 可根据现在消费者的饮食习惯准备生菜叶及沙拉酱。

如意奶汤杂烩

烹饪原料

熟猪肚80克　熟猪舌100克　熟猪心80克　猪五花肉150克　猪肉末200克
水发响皮150克　鸡蛋5个　熟火腿60克　熟冬笋100克　鸡纵菌60克
姜米10克　菜心150克　食盐3克　胡椒粉3克　豆粉100克　料酒20毫升
高级奶汤800毫升　精炼油1000毫升（约耗150毫升）

烹饪步骤

1. 猪五花肉去皮后切为大片；鸡蛋（1个）、豆粉调成全蛋豆粉，放入猪五花肉片拌匀，再入五成热的精炼油中炸成酥肉片；猪肚、猪心、猪舌均切成长约7厘米的大片；水发响皮用斜刀片成大厚片；冬笋、鸡纵菌切成大片；火腿切成大厚片；鸡蛋（3个）摊成蛋皮。
2. 在猪肉末中加入胡椒粉、姜米、料酒、食盐、味精、鸡蛋（1个）和少许冷汤搅拌成猪肉馅。
3. 取一半猪肉馅制成尖刀元子；另一半包入摊好的蛋皮内，对裹成“如意”形，再用少量全蛋豆粉黏合住对裹的蛋皮做成如意蛋卷。
4. 将尖刀圆子、如意蛋卷一同入笼蒸熟，取出晾冷后，将如意蛋卷切成厚片；菜心氽水后漂冷待用。
5. 取一大碗，将猪肚、猪心、猪舌、水发响皮、冬笋、鸡纵菌、火腿根据质地和颜色的不同岔色摆入，再注入加有食盐、胡椒粉的奶汤，入笼蒸制约1小时出笼，滗去汤汁后翻入大凹盘内，再分别摆入如意蛋卷和菜心，掺入烧开的奶汤即成。

烹饪细节

1. 所谓“尖刀圆子”，是将肉馅摊在手心，用菜刀来回推滚，制成一头大，一头小，形如锥形的肉圆，也叫“鱼鳅背”，其制作方法相对比较麻烦，在传统的奶汤杂烩里就用的是此法。反复搅打做肉圆的原料，是为了让更多的空气进入到原料中，使制成的肉圆更加蓬松，能浮于汤面之上。
2. 用蛋皮裹成“如意”形，要找准蛋皮的中线，否则会一边大，一边小，而且应尽量裹紧，成菜后才不会松散。
3. 如意蛋卷可切得略厚一点，以1厘米的厚度为佳，这样更利于取食。走菜时可在餐具下加小火保温。

坛子肉

烹饪原料

去骨猪肘1个（约2000克） 水盆鸭1只（约1300克）
水盆鸡1只（约1500克） 猪棒骨1000克 涨发海参400克
鸡蛋10个 大金钩100克 干墨鱼250克 火腿400克
干贝120克 口蘑120克 冬笋罐头500克 胡椒20克
干豆粉150克 大白葱段200克 姜片100克 食盐20克
冰糖色汁120毫升 料酒100毫升 毛汤5000毫升
化猪油1000毫升（耗约150毫升）

烹饪步骤

1. 猪肘用刀修切平整；水盆鸡、水盆鸭洗净后宰成大块；锅中掺入清水，加大白葱段、姜片、料酒煮沸，将猪棒骨、猪肘、鸡块、鸭块一同入锅余水后待用。
2. 在猪肘的瘦肉面用刀横竖划几条刀口，猪肘皮表面用冰糖色汁涂抹均匀，使之晾干后呈浅棕红色；鸡蛋煮熟后去壳，裹上干豆粉，用化猪油炸成虎皮蛋；干墨鱼用温水泡软后撕去杂皮，切成大条块；火腿蒸熟后凉冷，切成长约6.5厘米，宽约2厘米的长条；冬笋用开水余一下除去罐头中的异味，再去除老笋头，切成与火腿同样大小的长条；干贝涨发后去除老筋；金钩去除沙线；涨发海参切片；口蘑洗净后用开水余一下。
3. 将大白葱段、姜片、胡椒用纱布包好；经初步加工后的食材也分别用纱布包好。
4. 取一陶制坛形炊具，在坛底垫上一层竹篾，先将猪骨放在竹篾之上，再放入用纱布包好的猪肘、鸡块、鸭块、冬笋、海参、火腿、墨鱼、口蘑、干贝、大金钩、鸡蛋；在毛汤中兑入少许冰糖色汁、食盐、胡椒粒、料酒，倒入坛里将所有食材包全部淹没，再放入葱姜包，盖上坛口，置小火上煨制3～4小时后解开纱布包，分别将各种食材装入不同的餐具内，以方便挑取；将鸡块、鸭块去骨后切成条；虎皮鸡蛋切成月牙条。
5. 取一大圆盘，将猪肘放在中央，周围摆上其他食材，最后将坛内余汁勾芡后淋在盘中即成。

烹饪细节

1. 此菜选用了多种鲜味浓郁的食材，烹制中不必加入鸡精或味精，这样方可保持食材的原汁原味。此外，可将鸡蛋换成鹌鹑蛋或鸽蛋，也可将墨鱼更换成鱿鱼。
2. 去除猪肘杂毛不能用火烧，否则猪皮会变黑，影响成菜色泽。另外，削平猪肘肉质部分是为了方便改刀和成菜时装盘美观。
3. 在猪皮表面涂抹冰糖色汁需趁热进行，猪皮在冷却过程中由于毛孔收缩，更利于将糖汁吸入皮中，使其颜色更透亮，且不易掉色。
4. 干贝上的老筋，在烹饪行业里又称为“玉带”，由于质地绵韧，不可用于菜品烹制，所以必须去除。
5. 用纱布将烹饪原料逐一包裹的目的是为了方便取出，且余汤内不会残留杂质。纱布需拴活结，以方便快速解开。包虎皮蛋的纱布包应放在最上面，以免被压破。

干煸肉丝

烹饪原料

猪里脊肉500克　冬笋160克　大葱白50克　生菜叶若干　食盐15克　干红辣椒50克　胡椒粉3克　辣豆瓣酱10克　味精5克　香油5毫升　酱油20毫升　料酒20毫升　精炼油150毫升　玫瑰花2朵

烹饪步骤

1. 猪里脊肉洗净，用毛巾搌干余水后切成二粗丝，先拌入食盐、胡椒粉、料酒、味精、酱油、香油码味，再加入精炼油调散；冬笋、干红辣椒、大葱白分别切成长约7. 5厘米的二粗丝；辣豆瓣酱剁细；生菜叶洗净。
2. 取一平盘，围圈摆入生菜叶，点缀上玫瑰花瓣。
3. 炒锅内下精炼油烧至四成热时，下干红辣椒丝炝炸成枣红色后迅速捞起。
4. 待锅内油温回升至五成热时，将肉丝入锅滑散，不断翻炒至煸干水气后，下辣豆瓣酱炒至油呈红色，再下酱油提色，然后下冬笋丝炒匀，酌情加入适量食盐，翻炒至亮油、无汁时，将锅端离火口，撒入之前炸好的干辣椒丝、葱丝煸炒均匀，起锅后盛入盘中即成。

烹饪细节

1. 此菜炒制时间很短，在下锅前应先将肉丝码味；加入精炼油将肉丝调散，既利于入锅后滑散，也不易导致彼此粘连。
2. 炝炒干辣椒时，油温不可过高，动作要迅速，否则易煳。
3. 干煸是川菜特有的烹制方法，不能煸得太干，否则咬不动，而应保持一定的润泽度。由于这道菜有别于冷菜中的炸收菜，故不能掺汤，完全靠火功掌握，当肉丝在锅中产生收缩，表面干硬，在油中互不粘连时即可出锅。

火爆菊花里脊

烹饪原料

猪里脊肉400克　泡红辣椒15克　去皮青笋100克
大葱节30克　水发香菇15克　姜片10克　蒜片10克
食盐8克　味精0.5克　胡椒粉0.5克　水豆粉70克
料酒10毫升　酱油5毫升　香油5毫升　清汤50毫升
化猪油50毫升　精炼油1000毫升（约耗100毫升）

烹饪步骤

1. 剔净猪里脊肉边缘的脂肪组织，洗净后切“十”字花刀，再翻面切成约3.5厘米见方的块。
2. 将里脊肉块用水豆粉、料酒、胡椒粉、食盐、酱油、精炼油码味待用；泡红辣椒去籽后切成长马耳朵形；青笋切成长约4厘米，横截面约0.6厘米见方的小条；水发香菇切成与青笋同样大的小条，将清汤、酱油、味精、食盐、香油、料酒、水豆粉兑成滋汁。
3. 炒锅内下精炼油烧至六成热时，将里脊肉块逐一入锅，用筷子轻轻拨散，再轻轻拨开花，待定型后捞出沥干余油。
4. 锅内留油少许，入化猪油混合烧至五成热时，下姜片、蒜片、青笋条、香菇条翻炒均匀，再将里脊肉花倒入锅内加泡红辣椒同炒，之后迅速烹入兑好的滋汁，收汁后起锅装盘即成。

烹饪细节

1. 切“十”字花刀的下刀深度约为原料的3/4，肉丝不可太细，否则易被水豆粉粘连成团，炒制时难以开花。
2. 将里脊肉翻面切块时，只需按尺寸割断即可，否则会破坏“十”字肉花的完整性。
3. 码制里脊肉所用的水豆粉不宜过多，否则会造成肉花粘连。
4. 爆炒菊花里脊的用油量要多，将里脊肉花放入油中浸滑，肉丝的翻花效果才好。
5. 里脊肉花入热油后不能用炒勺翻炒，否则会破坏肉花的形态，只能不断晃动炒锅，使其受热均匀。

烹饪原料

完整去骨猪头肉600克　鲜豆渣500克　姜片50克　大葱段50克　食盐5克
味精2克　胡椒10粒　草果1个　八角2粒　料酒50毫升　酱油20毫升
醪糟汁20毫升　清汤1000毫升　化猪油100毫升　精炼油100毫升

烹饪步骤

1. 猪头肉洗净，入清水锅中加姜片、大葱段、料酒去除腥味后捞出；锅中加清汤、醪糟汁、料酒、酱油；将胡椒、草果、八角、姜片、大葱段用纱布包好一同入锅，待猪头肉烧至熟软，形态依旧完整时捞出，修齐四周毛边。
2. 豆渣入大盘，上笼蒸熟后取出，用纱布包住挤干水分。
3. 炒锅炙好，入化猪油、精炼油烧至两成热时，将豆渣入锅，先用小火慢炒至香，再放猪化油继续炒至酥香，然后加入食盐炒匀，将其中一半装入大盘中垫底，摆上猪头肉，在锅内的剩余豆渣中加入清汤，继续用小火炒至汁浓后加入味精，出锅后淋在猪头边缘即成。

烹饪细节

1. 炒豆渣时应注意不要粘锅、炒煳，如果出现炒煳的情况，要及时清除，否则会影响到成菜的口感和色泽。
2. 猪头肉主要取中间带猪嘴的部分，一是该部分的肥肉较少；二是形状也比较好看。

臊子烘蛋

烹饪原料

猪肉末125克　鸡蛋6个　面粉10克　水豆粉30克　食盐2克　甜酱1克　味精0.1克　酱油0.3毫升　精炼油250毫升（约耗100毫升）

烹饪步骤

1. 锅内入50毫升精炼油，烧至五成热时，下猪肉末炒散，加入食盐、甜酱、酱油炒香至熟，再加入味精炒匀成肉臊后出锅；鸡蛋加食盐、水豆粉、面粉调匀。
2. 锅内入精炼油烧至六成热时，倒入调好的鸡蛋液，在锅内摊成圆形蛋饼，保持小火轻轻转动蛋饼，直至将蛋饼底面煎熟，然后把肉臊舀入蛋饼中铺平，并用炒勺不断舀取滚油淋在蛋饼上，直至蛋饼表面成形，再将蛋饼整个翻面，使底面向上，继续舀油浇淋，待蛋饼颜色呈金黄色后盛出，沥干余油后切成8～10瓣一头尖、一头宽的牙状块，摆入盘中即成。

烹饪细节

1. 在鸡蛋液中加入面粉和水豆粉，一是出于在油锅中煎炸时容易定型；二是成菜后蛋饼不会很快塌陷。
2. 需要把煎蛋饼的油滗干后再翻面，否则易被滚油烫伤。
3. 采用尖底锅更利于蛋饼成形。

酸辣海参

烹饪原料

水发海参3条　熟鸡脯肉80克　鸡蛋3个　西红柿2个　瓢儿白菜心80克
豆粉20克　食盐10克　白醋15毫升　胡椒粉1克　特级清汤600毫升

烹饪步骤

1. 水发海参去尽肚肠、泥沙后洗净，片成斜刀片；鸡脯肉片成大片；取鸡蛋1个煮熟后去壳，对剖去掉蛋黄，再将蛋白切成6片成花瓣形；西红柿去皮、内瓤后切成大片；瓢儿白菜心入沸水中氽熟后迅速漂冷。
2. 将剩下的两个鸡蛋清加入豆粉调成蛋清豆粉，装入小碟中蒸制成形后取出，在蛋白片的一头蘸取少许蛋清豆粉，将其插入到蒸好的蛋清豆粉中做成花朵状，再入笼蒸定型后取出，摆在汤盘中央。
3. 海参片用沸水氽一下，再入特级清汤中煮两分钟捞起，摆在蛋白花朵周围，然后将西红柿片、鸡脯肉片、菜心及剩余的蛋白片逐一摆入汤盘中；将食盐、胡椒粉调入特级清汤中制成酸辣清汤，出锅后灌入汤盘中即成。

烹饪细节

1. 此菜是一个半汤菜，要求汤色清亮、无色，所以使用白醋。
2. 此菜中的辣味取自胡椒而不是辣椒。

烹饪原料

水发海参4条（约300克） 鸡脯肉150克 飘儿白菜心160克
红萝卜1根 鸡蛋2个 食盐16克 水豆粉80克 鸡精10克 纱布1张
清汤350毫升 化猪油50毫升 胡椒粉1克 料酒2毫升 精炼油10毫升

烹饪步骤

1. 水发海参去尽泥沙、内脏后洗净；鸡脯肉去掉筋膜，先搅打成鸡肉蓉，再加入鸡蛋清、胡椒粉、料酒、食盐、约10毫升化猪油、水豆粉、少许清汤搅打成较干的鸡糁。
2. 将剩余的少量鸡蛋清加入豆粉调成蛋清豆粉；飘儿白菜心洗净后入沸水中余断生，并迅速用冷水漂冷。
3. 红萝卜去皮后切成丁，入沸水中余断生后漂冷。
4. 将鸡糁填入海参腹内，用少量蛋清豆粉封口，并用纱布裹紧，然后搓滚成圆柱形，并将纱布头压在海参下摆入餐具中，入笼蒸制10分钟。
5. 海参出笼后，小心剥去纱布，再横切成长约1. 5厘米的短节，取一蒸碗，刷上食用油，将海参节摆入其中定型，并用保鲜膜封口，再次蒸制两分钟；取一圆盘，将菜心沿盘边摆放为放射状，然后将海参翻入盘内中央，并把红萝卜丁逐一放在海参节上作为装饰。
6. 锅内加清汤烧开，加入食盐、鸡精、化猪油、水豆粉勾成透明的玻璃芡，再加入少许精炼油增加亮色，起锅后均匀地浇淋在海参上即成。

烹饪细节

1. 海参不可发得太透，否则水分太重，不利于酿入鸡糁，而且先要用干毛巾把海参内外的水分揾干。另外，在海参的腹内一定要粘一点干豆粉，然后再填入鸡糁。此菜所用到的鸡糁较干，其目的是便于海参的包裹。
2. 由于海参肉质弹性较大，受热后封口易开裂，所以需用纱布将其裹紧。蒸制程度以触摸到海参较为质硬时即可，在剥离纱布时，应缓慢展开，不可用力抖动，否则海参会因受力过猛而变形。
3. 在二次蒸制海参的时候，一定要用保鲜膜封住碗口，以防止蒸汽倒灌，影响成菜口感。
4. 切海参的时候要掌握好宽窄度，且不可用力过猛，只需轻轻下刀切断即可，否则易造成鸡糁外溢。

烹饪原料

水发海参500克　黄沙猪肝500克　菜心100克　猪鸡冠油400克　姜片20克　葱段20克　冰糖20克　胡椒粉0.5克　食盐3克　味精2克　酱油30毫升　料酒40毫升　清汤1000毫升　水豆粉30克　毛汤1000毫升

烹饪步骤

1. 水发海参洗净后片成斧棱片，用沸水氽水后待用；菜心氽水后迅速漂冷；猪肝入清水锅中煮去血水；猪鸡冠油氽水后，与猪肝一同用毛汤煮熟后捞出，再分别切成长约5厘米，宽约2. 5厘米的块；将冰糖入锅中用小火炒成浅棕红色糖汁。
2. 将猪肝块、鸡冠油块放入锅中，加入清汤、葱段、姜片、料酒、食盐、胡椒粉、冰糖汁搅匀，用小火焐约两小时，至猪肝酥香、油亮时，将猪肝、猪鸡冠油捞出摆入盘中。
3. 在锅内余汁中放入海参片烧至入味，捞出盖在猪肝上，菜心围在海参周围，然后将锅内余汁加水豆粉烧至浓稠，出锅后淋在盘中的肝油海参上即成。

烹饪细节

1. 本菜的传统做法是不搭配蔬菜的，配搭菜心，一是为了美观；二是可起到解腻的作用。
2. 为了保证入口化渣的口感，猪肝一定要选用黄沙肝。
3. 海参要选用质地稍微偏硬一点的，否则烧制成菜后容易成糊状。成菜颜色不可太深，以橙黄色为佳。

肝油海参

干烧海参

烹饪原料

水发海参500克　猪肉末100克　榨菜丝50克　泡红辣椒50克　红油郫县豆瓣酱30克　郫县豆瓣酱30克　大葱60克　姜米20克　味精2克　胡椒粉1克　酱油15毫升　香油10毫升　料酒10毫升　清汤600毫升　化猪油50毫升　精炼油80毫升

烹饪步骤

1. 水发海参洗净后片成长约7～8厘米的厚片；锅中注入400毫升清汤烧开，加食盐、胡椒粉，入海参片煮熟后捞出备用；泡红辣椒去籽，与大葱同样切成长约6厘米的段；将红油郫县豆瓣酱与郫县豆瓣酱按1∶1的比例混合剁细。
2. 炒锅内入精炼油、化猪油，烧至四成热时，下猪肉末煵散籽后，再下混合豆瓣酱炒至油呈红色，接着放入姜米、料酒、酱油、榨菜丝炒匀，掺入200毫升清汤后，再下海参、大葱段、泡红辣椒段。最后下味精，烧至收汁亮油后，起锅装盘即成。

烹饪细节

1. 海参不宜发制得太软；由于海参受热后容易吐水，而且会收缩，所以在锅中烹制的时间也不宜太长。
2. 传统干烧菜的烹调原料多采用芽菜，此处换为榨菜，可使味更鲜。
3. 成菜不必见汤，加入少许汤汁是促进调味品充分溶解。

鸳鸯海参

烹饪原料

水发海参600克　去皮猪肉100克　水发玉兰片100克　带皮熟鸡脯肉100克
水发花菇100克　芥蓝250克　鸡蛋2个　郫县豆瓣酱25克　细红辣酱25克　甜酱5克
细蒜苗50克　青笋200克　红萝卜200克　食盐10克　胡椒粉5克　水豆粉50克
姜粒10克　姜片10克　葱段15克　咸红酱油50毫升　料酒20毫升　香油25毫升
化猪油150毫升　精炼油100毫升　清汤600毫升

烹饪步骤

1. 水发海参洗净后片成斧棱片；猪肉剁成细粒；郫县豆瓣酱、细红辣酱混合后剁细；蒜苗切成蒜苗花。
2. 鸡蛋取蛋清（蛋黄另作他用）搅打至发泡，盛在小汤勺中，用餐刀刮平表面，使其成为半个鸡蛋形，上笼微蒸1分钟后取出，插上用青笋和红萝卜雕成的鸟翅、鸟嘴、头冠，做成红、绿两只鸳鸯形。
3. 将红萝卜、青笋切成吉庆块，入开水锅中煮熟后迅速漂冷；芥蓝用精炼油炒熟。
4. 玉兰片、熟鸡脯肉、花菇切成大片，入清汤中煮熟后捞出。
5. 将吉庆块用开水烫热后摆入长形条盘中，把盘面分隔为两个部分，其中一半装入炒好的芥蓝，另一半装入烧好的鸡片、玉兰片和花菇片。
6. 锅内下80毫升化猪油，烧至四成热时，入姜片、葱段爆香，掺入清汤、料酒、食盐，再将海参片入锅煨制5分钟至熟。
7. 锅内另入精炼油、化猪油，烧至四成热时，下猪肉粒炒散，再下混合豆瓣酱炒至油色红亮，接着下姜粒、咸红酱油炒香，然后加入清汤及一半煨好的海参片、酱油一同烧制3分钟，待海参入味后，撒入蒜苗花，入水豆粉勾芡后起锅，覆盖在盘中芥蓝上。
8. 将另一半煨好的海参覆盖在玉兰片、鸡肉片和花菇片上；锅内掺入清汤，加食盐、胡椒粉、水豆粉、香油烧成浓汁，起锅后淋在海参片上，最后将鸳鸯形蛋泡摆在条盘的一端作为装饰即成。

烹饪细节

1. 海参作为高档食材，在烹制过程中要注重美观，可让成菜视觉清爽，品质更佳。
2. 此菜是将家常味与咸鲜味组合而成，故又名“双味海参”。烹饪此菜的汤汁和油都不能太多，以亮油为标准，否则会导致两种味型相互串味。

烹饪原料

冰冻鲜虾500克　鸡蛋清3个　生菜100克
炒制食盐20克　花椒粉20克　白糖20克
生姜5克　大葱5克　香醋15毫升
干豆粉80克　香油10毫升　料酒1毫升
圣女果2个　精炼油1000毫升（约耗100毫升）
化猪油100毫升　荷花瓣若干

软炸虾球

烹饪步骤

1. 鲜虾去尽头、尾、外壳和纱线，在虾背上划一刀，洗净后沥干水分，用姜片、葱段、料酒、食盐码味3分钟，然后用干净纱布包住鲜虾使劲反复摔打数次；生菜洗净后撕成小片。
2. 在鸡蛋清中调入干豆粉，再加入少许食盐搅匀成蛋清豆粉，将码入味的鲜虾放入其中充分拌匀。
3. 反复炙锅数次，放入精炼油、化猪油烧至四成热时，将鲜虾逐一放入炸至定型后捞出，沥干余油，待所有虾球炸制完毕后，滤净锅内残渣，以四成油温将虾球入锅再次回炸一次，出锅沥干余油。
4. 将炒制食盐、花椒粉兑成椒盐味碟；白糖、香醋、香油兑成糖醋味碟；圣女果切成小片，摆在生菜上面。
5. 取一长方形大平盘，在其一端摆上一个小圆碟，周围用莲花瓣围成一圈，还原为莲花形（可用澄面固定），空白处搭配莲叶和散落的荷花瓣，将炸好的虾球摆入小圆碟中，搭配上椒盐味碟、糖醋味碟和蔬果沙拉即成，所配食用鲜花可根据季节灵活搭配。

烹饪细节

1. 鲜虾洗净后务必沥干水分，否则难以上浆；用纱布包住鲜虾反复摔打的目的，是为了使虾肉变得松软。
2. 鲜虾上浆一定要用蛋清豆粉，不可加水，浓度以粘得上虾身且不往下流淌为准。
3. 除生菜之外，也可以根据客人需求搭配其他即食蔬果。
4. 软炸是川菜烹饪中的一项传统技法，即低温油炸，出品不能表现为硬脆，且应保持白色，不能像酥炸那样体现为金黄，故油温不能太高，可用筷子粘上少许蛋清豆粉浸入油中测试，以蛋清豆粉不脱落为宜。

芙蓉虾球

烹饪原料

去壳大虾仁150克　鸡脯肉100克　鸡蛋清8个　水豆粉15克　胡椒粉1克
食盐3克　嫩肉粉0.5克　冷鸡汤150毫升　化猪油50毫升　精炼油100毫升
料酒5毫升　小豆苗少许

烹饪步骤

1. 虾仁去尽沙线、虾尾，洗净后从虾背开一刀，用嫩肉粉码制约10分钟，然后用清水洗净，入沸水中汆断生后捞出，沥干水分待用。
2. 鸡脯肉用搅拌机搅细，加入8个鸡蛋清，沿一个方向用力搅散，在此过程中加入食盐、料酒、胡椒粉、水豆粉和冷鸡汤，搅打均匀成鸡糁。
3. 炒锅炙好，加入化猪油、精炼油，待油温烧至五成热时，将鸡糁倒入锅中，用炒勺推炒约5分钟，至鸡糁色白、松泡时，下虾仁炒匀后盛入圆盘中，装盘时可让虾球半露在白色的芙蓉鸡糁中，再适当点缀几片绿色小豆苗即可。

烹饪细节

1. 此菜是一道现代川菜中的高档菜肴，制作时必须确保其色白、质嫩，这样方可充分体现出考究的烹饪工艺及档次。在选择餐具时，应注意和菜品颜色的区别。
2. 在对虾仁进行改刀时，前后两端可开穿，但虾腹底部必须相连，虾仁经过油爆时才能翻开成为球状。
3. 水豆粉最好选用豌豆粉，颜色更洁白。另外，冷鸡汤应在搅拌鸡蓉的过程中慢慢加入，严格控制好用量，不可太稀或太干。
4. 加入胡椒粉只是为了压腥、提鲜，用量不宜过大，否则会因出现辣味而影响口感。
5. 烹饪过程应始终保持中油温，推炒速度要快，为了保证鸡蓉蛋清的白嫩，不能用猛火，另外，推炒时还要注意防止鸡蓉粘连，应始终保持沿同一个方向推炒，使其自然成团。
6. 这道"芙蓉虾球"中的"芙蓉"，有黄、白两色之分，黄芙蓉是用全蛋，白芙蓉是只取蛋清，通常都用蛋清，而且要把豆粉与汤的比例掌握好，这是因为口感的鲜嫩与水分的多少有直接关系。

鱼香酥皮虾排

烹饪原料

冰冻大虾12只　鸡蛋3个　面包糠200克　豆粉200克　泡红辣椒50克
香葱50克　姜30克　大蒜30克　水淀粉15克　白糖15克　食盐3克
胡椒粉2克　酱油15毫升　香醋12毫升　香油2毫升　料酒10毫升
清汤60毫升　精炼油1000毫升（约耗150毫升）

烹饪步骤

1. 大虾解冻，去掉虾头、虾壳、沙线，保留虾尾，从虾背对剖割断其筋，洗净后揩干水分，用料酒、食盐、胡椒粉码味待用。
2. 泡红辣椒去籽后剁细；生姜、大蒜剁成细粒；香葱切成细葱花；将白糖、酱油、香醋、水淀粉、香油兑成鱼香味汁；鸡蛋加50克豆粉调成蛋液。
3. 在码好味的虾仁两面粘上干淀粉，并将虾身从改刀处分开，平放在案板上轻轻拍压，除虾尾外，将虾身充分裹上蛋液，再在蛋液外面粘上面包糠，再次拍打粘紧，用剪刀将虾排边缘修整为圆弧形。
4. 锅内下精炼油烧至五成热时，将虾排均匀摆入大漏勺中，再另取一只大漏勺压在上面夹住虾排，入油锅中将虾排炸至定型后捞出，稍晾一下，再次浸入油锅中炸至金黄色后捞起，沥干余油摆入盘中。
5. 锅内留油100毫升，烧至五成热时，下泡红辣椒粒炒出红油色，再下姜粒、蒜粒炒香，然后烹入鱼香味汁，待收汁亮油后撒入细葱花，起锅装入蘸料碗内。
6. 走菜时，将虾排和蘸料碗分开上桌，也可将鱼香味汁淋在虾排上。

烹饪细节

1. 码虾仁是用手将码料轻轻拍粘上去。
2. 将调味料剁细可让成菜效果更精致。
3. 先让虾肉粘上一层淀粉，更利于挂稳蛋液；拍压虾身，既可使体表面积增大，也能让肉质更松软。

4. 炸制虾排一定要用洁净的精炼油浸炸，否则会影响到成菜色泽；用漏勺夹住虾排，是为了避免虾排因受热而发生变形，这样方可使其保持平如琵琶的形态。
5. 为了确保虾排酥脆的口感，不可过早淋上鱼香味汁，如果对餐具采取保温措施，会让鱼香味汁的香味保持得更久而浓郁。
6. 这道菜是将传统川菜的鱼香味型和西式酥炸菜相结合的产物，是笔者当年在联合国工作期间制作的一道菜品，深得国际友人喜爱。

香煎虾饼

烹饪原料

去壳鲜虾300克　猪肥肉100克　青豆50克　生菜150克
冬笋30克　鸡蛋2个　豆粉25克　味精0.5克　胡椒粉1克
花椒粉2克　食盐3克　白糖10克　香醋5毫升　香油3毫升
料酒1毫升　化猪油50毫升　精炼油500毫升（约耗50毫升）

烹饪步骤

1. 鲜虾去头、尾、壳、沙线，洗净后切成黄豆大的丁；猪肥肉、青豆、冬笋分别剁成绿豆大小的丁，将几种丁加入鸡蛋液、食盐（2克）、料酒、胡椒粉、味精、豆粉拌匀成虾仁馅料。
2. 生菜洗净后沥干余水；白糖、香醋、香油调成糖醋味汁；取1克食盐炒制后与花椒粉兑成椒盐味碟（也可用胡椒粉兑成胡椒盐碟）。
3. 平底锅内下化猪油、精炼油，烧至五成热时，将拌好的虾仁馅料做成直径约5厘米的圆饼，逐一入锅半煎半炸至定型后捞出，沥干余油。
4. 将锅内余油加热至四成热时，再次将虾饼入锅煎至两面成浅金黄色时起锅，装盘后淋一点香油，配上生菜和椒盐味碟一同上桌即成。

烹饪细节

1. 虾肉要用刀剁，不能用搅拌机搅打成肉蓉，而且应保持一定的颗粒状，否则口感不好。
2. 拌虾仁馅料的豆粉用量不可太多，能使各种原料黏合在一起即可。
3. 虾饼的两面均应半煎半炸，且要边煎炸，边摇动锅体，以免粘锅。

食无定味，烹无定法，适口者珍，食有尽而味无穷。一个优秀的厨师，应采人之长，补己之短，学无止境，永不停步。

虾仁酿甜椒

烹饪原料

去壳鲜虾250克　圆形灯笼甜椒6个　熟冬笋尖50克
水发口蘑20克　熟火腿20克　姜米10克　葱花5克
食盐10克　鸡蛋清2个　水豆粉50克　味精0.5克
料酒3毫升　化猪油80毫升　清汤200毫升

烹饪步骤

1. 在灯笼甜椒上端1/3处横断一刀，挖去甜椒内瓤，用开水汆约1分钟至断生后捞出，用冷水漂冷，以保持其鲜红色。
2. 虾仁去尽沙线，洗净后切成黄豆大小，用化猪油炒约1分钟后出锅；冬笋、火腿同样切成黄豆大小，与虾仁、姜米、葱花、食盐、味精（0.2克）、料酒、葱花、鸡蛋清拌匀成馅料。
3. 把拌好的馅料逐一酿进甜椒内，入笼蒸约3分钟后取出摆入盘中；锅内加入清汤，烧开后加入食盐、味精、水豆粉、化猪油，勾成玻璃二流芡，出锅后均匀地淋在甜椒上即成。

烹饪细节

1. 灯笼甜椒应尽量保证形态完好、表皮光洁、大小均匀。
2. 此菜的蒸制时间不宜太长，否则会影响到成菜颜色。

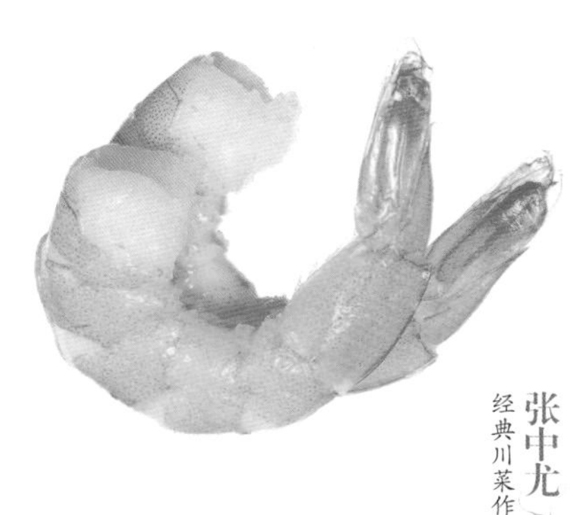

鲜虾瓜方

烹饪原料

鲜虾200克　冬瓜500克　食盐10克　水豆粉30克　姜片15克　葱段15克　胡椒粉0.2克　料酒10毫升　清汤500毫升　化猪油30毫升　熟精炼油20毫升

烹饪步骤

1. 冬瓜去青皮、瓜瓤，先切成长约5. 5厘米，宽约4厘米，厚约2厘米的长方块，再在瓜皮上剞“十”字花刀，然后入开水锅中煮断生后捞出，用冷水漂冷，并滤干水分待用。
2. 鲜虾去头、去壳，挑去虾线，用刀从背上片开，但不要片穿，用食盐、料酒、姜片、葱段码制5分钟；锅中入清汤烧开，下鲜虾烫熟后出锅。
3. 锅内另入清汤、食盐、胡椒粉，放入瓜方烧入味后捞出装盘；再将烫熟的鲜虾摆在瓜方中间成花形；在余下的汤汁中加入化猪油、熟精炼油、食盐，用小火收汁成玻璃芡，出锅淋在瓜方上即成。

烹饪细节

1. 鲜虾应选用鲜活、体大的为好。
2. 冬瓜方要尽量保持其嫩绿的颜色。
3. 勾汁不能太浓，以汁液透明为佳。

三色烩鲜贝

烹饪原料

冰冻大鲜贝200克　荷兰豆15克　红甜椒1个　冬笋尖15克
姜片5克　蒜片5克　大葱白15克　食盐4克　胡椒粉0.1克
水豆粉30克　料酒0.2毫升　清汤30毫升　精炼油120毫升

烹饪步骤

1. 鲜贝解冻后横片成大圆片，加入食盐、料酒、水豆粉拌匀；荷兰豆、红甜椒、熟冬笋尖均切成长约3. 5厘米，宽约2. 5厘米的菱形块；大葱白切为稍厚一点的箭头形；另将余下的胡椒粉、食盐、水豆粉兑成滋汁。
2. 锅内下精炼油烧至六成热时，将鲜贝片入锅滑散，再下荷兰豆、甜椒、冬笋、箭头葱、姜片、蒜片，倒入兑好的滋汁收汁，出锅前加入少许精炼油即成。

烹饪细节

1. 鲜贝应保证体大、形圆。
2. 配料的色泽搭配要协调、美观。

绣球瑶柱

烹饪原料

瑶柱（干贝）100克　鸡脯肉250克　鸡蛋2个
荷兰豆50克　红萝卜2根　绿色菜心30克
熟冬笋50克　食盐10克　水豆粉25克　姜片10克
葱段10克　味精0.1克　胡椒粉0.1克　料酒2毫升
化猪油70毫升　特级清汤1200毫升

烹饪步骤

1. 瑶柱用温水泡发后扣去玉带洗净，加入特级清汤（50毫升）、少许料酒、姜片、葱段上笼蒸至熟软，出笼晾冷后撕成细丝；胡萝卜仅取红色部分，切成长约2. 5厘米的细丝；荷兰豆煮熟后漂冷、去籽，切成长约2. 5厘米的细丝；熟冬笋切成长2. 5厘米细丝；鸡蛋摊成蛋皮后切成细丝，将以上各种丝料拌匀成彩丝待用。
2. 鸡脯肉去尽筋膜，用搅拌机打成鸡肉蓉，先加入特级清汤50毫升将其调散，再加入鸡蛋清、胡椒粉、食盐、化猪油、水豆粉继续搅打上劲制成鸡糁，然后装入盛器中，盖上保鲜膜，放入冰箱冷藏；绿色菜心用开水氽后漂冷待用。
3. 锅中加入清水，待水升温至80℃左右时，将鸡糁挤成核桃大小的圆子入水中定型（留一小部分鸡糁另用），至八成熟时出锅，将其放在一干净的毛巾上摇晃至吸干多余的水分，并裹上一层留下的鸡糁，再均匀地粘裹上彩丝做成绣球圆子摆入盘中，盖上保鲜膜上笼蒸约1分钟。
4. 特级清汤烧开，加入食盐、胡椒粉、味精调好味，舀入大汤碗中，将蒸好的绣球圆子摆入碗中，点缀上绿色菜心即成。

烹饪细节

1. 在制作鸡糁时，可取少许鸡糁放入清水中，见其能漂浮即可；另外，此步骤宜多份同时操作，材料才不会粘在搅拌杯上，搅打效果更佳。
2. 蒸制时间不宜太长，否则彩丝的形态、色泽都会很差，从而影响绣球瑶柱的成菜效果。
3. 将定型后的鸡圆再裹一层鸡糁，既利于粘裹彩丝，又不会让鸡圆变形。

鱼香菊花鲜贝

烹饪原料

澳洲大鲜贝12个　干淀粉250克　泡红辣椒50克
红色甜椒1个　生姜30克　大蒜35克　香葱30克
芹菜100克　白糖15克　胡椒粉0.1克　食盐2克
香醋10毫升　酱油10毫升　料酒10毫升　清汤100毫升
精炼油1000毫升（约耗150毫升）

烹饪步骤

1. 鲜贝洗清，直切成“十”字花刀，制成菊花形生坯，撒上胡椒粉，充分粘裹上干豆粉，再轻轻抖去多余的干粉待用；泡红辣椒去籽、去蒂后剁细；生姜、大蒜剁成米粒；香葱切成细葱花；红色甜椒切成细粒。
2. 锅中下精炼油烧至五成热时，将鲜贝逐一入锅炸至定型后沥去余油，待油温回升后，再将鲜贝入锅复炸一次。
3. 锅内下精炼油100毫升，烧至五成热时，下泡红辣椒、姜米、蒜米炒香出色后注入清汤，再下白糖、食盐、酱油搅匀，然后烹入香醋、水豆粉收汁至浓稠，之后下葱花制成鱼香味汁，分别装入数个小碟内。
4. 将炸好的菊花鲜贝摆入盘中，用芹菜茎叶摆成菊花枝叶的形态，最后在鲜贝中央分别撒上一点红色辣椒粒作花蕊，走菜时，与鱼香味碟同上即成。

烹饪细节

1. 直切鲜贝“十”字花刀时，下刀深度为鲜贝体厚的3/4，不可太浅，否则翻不成花形，该步骤还须将每一朵花的刀缝抖松，不要造成粘连。
2. 第一次浸炸是把菊花瓣炸散；第二次复炸制是为了让菊花鲜贝熟透。

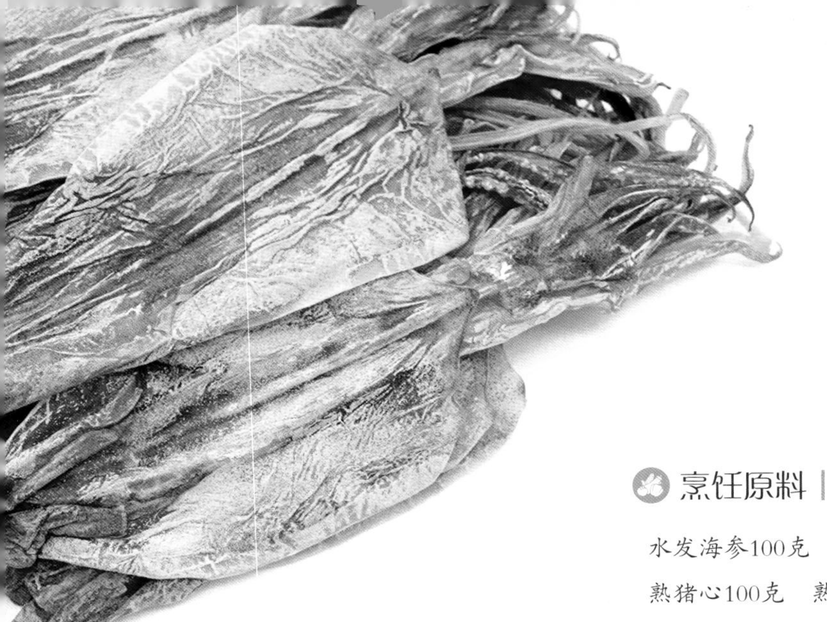

海味什锦

烹饪原料

水发海参100克　水发鱿鱼100克　大干贝20克　熟鸡肉100克
熟猪心100克　熟猪舌80克　熟猪肚80克　蹄筋60克　冬笋80克
口蘑20克　金华火腿20克　大金钩20克　黄秧白菜心250克
酱油20毫升　胡椒粉3克　食盐10克　姜片50克　葱段100克
花椒10粒　水豆粉20克　化猪油100毫升　化鸡油15毫升
料酒25毫升　冰糖汁适量　清汤1500毫升

烹饪步骤

1. 海参、鱿鱼治净后改刀成大条片；除金钩、干贝外，鸡肉、猪心、猪舌、猪肚、蹄筋、火腿、冬笋、口蘑均切成大“一”字条；黄秧白菜心氽水后漂冷；干贝入笼蒸软。
2. 锅内下化猪油烧至五成热时，下姜片、葱段煸炒出香，掺入清汤，先下食盐、料酒、冰糖汁、胡椒汁、酱油，再下加工好的其他原料（菜心除外），海参、鱿鱼最后入锅。
3. 将各种食材烧粑后盛入盘内，用海参盖顶，黄秧白菜心围边，锅内汤汁加水豆粉用中火勾成芡汁，最后下化鸡油，出锅后浇淋在什锦上即成。

烹饪细节

1. 既然海味什锦是一个烧菜，那就一定要烧至熟软。各种原料均应切成大“一”字条的形状，一般约1.6厘米见方，长约6厘米，多用于烧菜类菜肴的制作
2. 海味什锦也可加入鲍鱼，并可根据加入的不同海味来冠以菜名，如以海参为主料的称为“海参什锦”；以鲍鱼为主料的则称为“鲍鱼什锦”。

干煸鱿鱼笋丝

烹饪原料

干鱿鱼180克　肥瘦猪肉130克　熟冬笋80克　泡红辣椒15克　水豆粉5克　味精0.3克　食盐3克　酱油6毫升　料酒10毫升　香油10毫升　化猪油100克　精炼油50毫升

烹饪步骤

1. 干鱿鱼去尽杂质，洗净后横切成粗约0.35厘米，长约7厘米的细丝，入热水中浸泡5分钟；猪肉、熟冬笋均切成和鱿鱼丝一样的细丝；泡红辣椒去籽，切成略粗的丝。
2. 将料酒、食盐、味精、水豆粉、酱油兑成味汁。
3. 锅内下精炼油、化猪油烧至三成热时，下鱿鱼丝、料酒在锅内煸炒1分钟，再下猪肉丝炒散籽，然后下冬笋丝一同煸炒，最后撒入泡好辣椒丝翻炒均匀，迅速烹入兑好的滋汁炒匀收汁，淋入少许香油起锅装盘即成。

烹饪细节

炒制此菜火力不可太大，否则会因水分蒸发过快而导致食材发干。

八宝酿梨

烹饪原料

苍溪雪梨6个　糯米珍珠小汤圆1袋　水发芡实15克　水发苡仁15克　水发银耳15克　水发莲子20克　水发百合20克　蜜瓜条10克　蜜樱桃15克　冰糖80克　清水500毫升

烹饪步骤

1. 雪梨去皮、去蒂，切下顶部蒂盖留用，用小刀挖去中心果核部位，仅留约1厘米厚的果肉，入沸水中略煮2分钟，再用清水漂冷。
2. 莲子、百合、蜜瓜条均切成豌豆大小的丁；银耳分成小朵，与其他水发食材一同入笼蒸熟后取出；小汤圆煮熟后用清水漂冷；锅内注入清水，下冰糖用小火熬制成冰糖汁。
3. 将前期加工好的各种原料拌匀，再酿入梨内，灌入冰糖汁，盖上蒂盖，用保鲜膜封好，入笼用大火蒸制5分钟后取出装盘，用蜜樱桃做成装饰，最后淋上余下的冰糖汁即成。

烹饪细节

1. 雪梨一定要去皮、去蒂，这样更利于食用，否则就只能起到一个餐具的作用，造成不必要的浪费。
2. 雪梨去皮、去蒂后，要用清水浸泡一下，并与空气隔绝，可防止变色。
3. 如果没有苍溪雪梨，也可选用其他果肉细腻的梨替代。

一品酿豆腐

烹饪原料

豆腐600克　猪肉馅100克　绿色菜心300克　熟冬笋尖50克　水发香菇30克　去皮红萝卜1根　荷兰豆50克　生姜10克　葱白10克　胡椒粉0.2克　食盐3克　鸡精3克　鸡蛋清5个　水豆粉80克　浅色酱油3毫升　清汤300毫升　化猪油30毫升　精炼油50毫升　可食花瓣及豆苗若干

烹饪步骤

1. 豆腐压成泥，用密网筛去除粗粒；冬笋尖、香菇切成绿豆大小的丁；生姜、葱白切成粒；绿色菜心、荷兰豆汆水后迅速漂冷。
2. 胡萝卜切成长约2厘米的小段，插入菜心做装饰；锅中下精炼油、化猪油烧至五成热时，取2/3猪肉馅入油锅炒散，先加入酱油、料酒、食盐炒成臊子，再加入冬笋、香菇、姜粒、葱粒与剩余的1/3生肉馅拌匀。
3. 豆腐泥中加入鸡蛋清、水豆粉、食盐、胡椒粉、清汤（100毫升）、化猪油充分拌匀；取一只约6厘米高的圆形模具，垫上保鲜膜，抹一层化猪油，取一半豆腐泥填入模具底部，再将肉馅放在模具中央，然后在肉馅周围继续填入另外一半豆腐泥盖住肉馅，直到将整个模具全部填满，并将豆腐泥顶部齐模具刮平。
4. 用竹制蒸笼盖盖住模具口，入蒸箱用小火将豆腐泥蒸熟后取出，用一圆盘盖住模具口，将豆腐翻入盘中，用菜心围边作装饰。
5. 锅内加入200毫升清汤，烧开后加入食盐、鸡精、水豆粉勾成玻璃二流芡，调入10毫升化猪油，出锅后淋在豆腐及菜心上，最后点缀上少许可食花瓣及豆苗即成。

烹饪细节

1. 使用竹制蒸笼盖盖住模具口，是为了防止水蒸气形成的水珠滴在豆腐上形成洞孔，影响美观；其次，使用小火可避免因火力过猛而致豆腐泥起泡。判断豆腐泥是否熟透，可取一根长竹签插入豆腐泥中，如果竹签抽出时没粘有肉馅或豆腐泥，则说明此时已经蒸熟。
2. 将蒸熟的豆腐泥从模具中取出的时候，一定要注意保持形态完整，可提着保鲜膜先松动一下再取，也可轻轻摇晃松动后再取出。
3. 在豆腐泥中加入化猪油是为了让成菜口感更细嫩，调制时不加水，加汤味道更鲜美。

炒莲子泥

烹饪原料

干莲子350克　酥核桃仁10克　蜜冬瓜条5克
蜜玫瑰2克　蜜樱桃5克　白糖50克　水豆粉30克
化猪油50毫升　精炼油150毫升

烹饪步骤

1. 干莲子洗净，放入碗内加清水淹过莲子，入笼大火蒸软，取出后滤去水分，用竹签挑去莲芯，用搅拌机搅打成泥；酥核桃仁、蜜冬瓜条、蜜玫瑰、蜜樱桃均切成小丁。
2. 先用精炼油将炒锅充分炙好，再入化猪油、精炼油加热至五成热，然后入莲子泥翻炒约5分钟后加入水豆粉、白糖炒匀，接着下蜜冬瓜丁炒均，起锅前下蜜玫瑰、蜜樱桃丁及酥核桃仁丁，翻炒至匀后起锅装盘即成。

烹饪细节

1. 莲子必须去芯，否则入口会有苦感。
2. 炙锅很重要，要炙锅两到三次，如果热锅、热油容易导致莲子泥成团及粘锅，影响成菜效果和口感。
3. 炒好的莲子泥应堆高成形，如果莲子泥因水分含量高而太稀，可考虑适当加入少量水豆粉将其收干。
4. 炒制中不能先放糖，因糖遇高温会焦化，易产生煳味、苦味，经过长时间炒制还会结饼，放糖后将其炒化，再放果料略炒起锅便可避免这种情况的出现。
5. 蜜樱桃等果料下锅过早的话，会让成菜口感发酸，酥核桃下早了会变软，失去酥脆的口感，所以都在最后出锅前放入。

烹饪原料

新鲜嫩蚕豆800克　鸡蛋2个　白糖150克　蜜樱桃3颗　水豆粉15克
化猪油100毫升　精炼油100毫升　西洋菜5克

烹饪步骤

1. 蚕豆去壳后煮熟，沥干水分，用钢丝密筛漏勺将其磨成蚕豆泥。
2. 鸡蛋仅取蛋清，在平盘内用打蛋器搅打至在蛋泡上插一根筷子不倒方可，再用刀将蛋泡抚平，削去杂边，切成整齐的正方形；蜜饯切成花瓣状。
3. 炒锅置火上，用精炼油炙好锅，下精炼油、化猪油烧至四成热时，放入蚕豆泥翻炒至清香味溢出，起锅前下白糖炒匀，再下水豆粉勾芡收干，出锅后装入圆形平盘中央，用刀刮平，并修塑成圆形。
4. 将之前加工好的正方形蛋泡小心移至蚕豆泥上，并在蛋泡上用西洋菜和蜜饯花瓣拼摆成装饰图案，再在盘子四周用西洋菜稍作装饰即成。

烹饪细节

1. 虽然现在一年四季都能采购到蚕豆，但最好使用当季的新鲜蚕豆，颜色越绿，成菜效果越好。磨制蚕豆泥时，可使用手摇研磨器，或用一个干净的菜板用刀将煮熟的豆泥压成泥，再用细钢丝网过一次。
2. 化猪油的比例可适当加大，而且要采用色白、无杂质的化猪油，否则会导致成菜色泽发暗，效果不佳。
3. 蚕豆泥需用低油温慢炒，炒烫即可，如果油温过高，会导致部分蚕豆泥碳化而发黑，有点类似于炒制“八宝锅珍”，但与锅珍所使用的干粉不同，蚕豆已经煮熟，水分含量足够，而且在炒制的时候还要出水，同时还要加入化猪油和精炼油，所以最后要适当加点儿水豆粉。
4. 此菜的装盘形状很重要，在实际操作中，可订购大小合适的圆形模具或其他形状模具来完成。
5. 也可用白色奶油取代鸡蛋泡。

雪花翡翠泥

金沙龙眼瓜卷

烹饪原料

冬瓜500克　咸鸭蛋黄10个　鸡蛋清1个　豆粉20克　食盐3克
鸡精5克　胡椒粉3克　水豆粉50克　化鸡油10毫升
清汤150毫升　熟精炼油20毫升

烹饪步骤

1. 冬瓜去皮，片成长约16厘米，宽约4厘米，厚约0.2厘米的长片若干张，用开水氽断生后用冷水漂冷，再用毛巾吸干表面多余的水分。
2. 咸鸭蛋煮熟，取出蛋黄压成泥，加熟精炼油揉均匀，先搓成小手指粗的条，再切成长约4厘米的段；鸡蛋清加豆粉调制成蛋清豆粉。
3. 用冬瓜片将咸蛋黄泥包裹成一头大、一头小的圆筒，在封口处抹上蛋清豆粉粘牢成冬瓜卷。
4. 取一圆形蒸碗，垫上保鲜膜，将冬瓜卷绿色皮的一头朝下摆入蒸碗中，入笼蒸5分钟后倒去汤汁，再翻入盘中；将余下的冬瓜片对折，一片压一片沿盘边围成一圈作为盘饰。
5. 锅内入清汤烧开，下食盐、鸡精、胡椒粉、水豆粉勾成二流玻璃芡，再加入少许化鸡油，出锅后淋在瓜卷上即成。

烹饪细节

1. 入笼蒸制前，务必将冬瓜卷在蒸碗中拼摆紧实，否则成菜后会散。
2. 熟咸鸭蛋黄雅称“金沙”，不能入锅炒制，制作咸鸭蛋黄泥时，油不能加得太多，否则不好裹卷。

八宝锅珍

烹饪原料

面粉100克　细米粉100克　干莲子30克　干百合20克　去核金丝蜜枣15克
蜜冬瓜条20克　樱桃蜜饯15克　荸荠20克　核桃仁25克　玫瑰蜜饯5克
白糖150克　化猪油100毫升　精炼油100毫升　鲜橙2个　罐头红车里子10颗

烹饪步骤

1. 核桃仁用开水泡涨后去皮，入油锅中炸酥后切成小丁；荸荠去皮后切成丁；莲子泡发后去除苦芯，与百合一同上笼蒸软后切成小丁；樱桃蜜饯、去核金丝蜜枣、蜜冬瓜条均切成小丁。
2. 锅内入化猪油、精炼油烧至四成热时，倒入米粉炒散，再倒入面粉一并翻炒至鸭黄色，然后分次掺入开水炒至成团，待水分收干，颜色酥黄，表面泛白时，将除核桃仁和樱桃蜜饯以外的其他各种原料一并下入锅中炒匀，然后再下核桃仁、樱桃蜜饯继续翻炒，最后放入白糖炒匀，起锅装入一圆形碗内。
3. 取一圆形平盘，用鲜橙切片围边，然后将碗中的锅珍反扣进盘内，小心移去圆碗，最后用红车里子点缀即成。

烹饪细节

1. 面粉和细米粉的比例为1:1，传统做法是用生米粉和面粉制作，先下生米粉翻炒，再下面粉同炒，才能保证两种材料同时熟。另外，生米粉应先用细网筛筛去粗粒。
2. 翻炒过程中应始终保持小火，并不停翻炒和晃动锅体，以免受热不均和粘锅煳边，如果看到原料不断出现均匀的小鱼眼睛泡，说明温度合适，如果出现大泡，则说明温度过高，应立刻将锅端离火口，否则很快会煳。此外，在炒制过程中，还需将结团的原料捣散，否则会影响口感。
3. 翻沙是指口感酥香，之所以加入开水，是因为温度合适。开水应分次少量逐步加入，加多了会变成稀糊，从而失去口感酥香的特点。此菜虽然是用面粉、米粉炒制而成，但吃起来一定要有滋润的口感。
4. 白糖下锅后不可久炒，以免因高温而焦化。
5. 核桃仁和樱桃蜜饯不宜过早放入，核桃仁炒久了会变软，从而失去酥脆感；樱桃蜜饯炒久了，其酸味会影响到菜品的整体风味。

清汤瓜燕

烹饪原料

冬瓜500克　食盐1.3克　味精1克　胡椒粉0.3克　鸡蛋1个　干淀粉250克　特级清汤1000毫升

烹饪步骤

1. 冬瓜去外皮后再剔尽内皮，先片成长约10厘米，宽约7厘米，厚约0.2厘米的大片，再切成粗约0.2厘米的细丝。
2. 鸡蛋用平底锅摊成蛋皮，冷却后切成细丝。
3. 取一大平盘，铺上干淀粉，将冬瓜丝放入盘中，小心抖动使其粘满干淀粉。
4. 锅内入清水开水，调成中火，将冬瓜丝慢慢抖散放入水中，注意不要粘连，氽熟后迅速捞起，置凉开水中冷却，再捞入大汤碗中待用。
5. 特级清汤烧开，加入食盐、味精、胡椒粉调好味，用一半烧开的特级清汤将氽熟的冬瓜丝过滤一次，再捞入已装有清汤的汤碗中即成。

烹饪细节

1. 冬瓜外表的绿色深皮一定要去除干净；应利用冬瓜丝本身含有的水分来粘取干豆粉，以所有的冬瓜丝都均匀地粘满干豆粉为准。
2. 干淀粉一定要细，不能成团，如有必要，可用细网筛筛一遍。
3. 用开水氽制冬瓜丝时，应先轻轻抖掉多余的干淀粉，使冬瓜丝散开呈自然下垂的状态，在靠近水面的位置，轻轻抛入水中，这样制作出来的冬瓜丝颜色发亮，形状更好看，具有燕窝的形象，所以行业中称之为“素燕”。

干煸冬笋

烹饪原料

去壳嫩冬笋500克　肥瘦猪肉馅100克　碎米芽菜30克　食盐10克　白糖0.8克　姜米20克　味精0.3克　香葱2克　酱油5毫升　香油2毫升　料酒10毫升　醪糟汁3毫升　清汤20毫升　化猪油50毫升　精炼油500毫升（约耗50毫升）

烹饪步骤

1. 冬笋洗净后切成“梳子背”；芽菜冲洗干净后挤干余水，入锅中炒香备用；香葱切成细葱花。
2. 锅内下精炼油烧至六成热时，将冬笋入锅炸至象牙黄色后捞起，沥干余油。
3. 锅内入精炼油（70毫升）烧至四成热时，将猪肉馅下锅滑散，再下姜米、酱油、白糖、料酒、醪糟汁炒匀，然后下冬笋煸炒1分钟左右，之后入食盐、味精、清汤、芽菜一并煸炒出香，淋入香油，撒上一半细葱花炒匀后出锅装盘，再撒上另一半剩余的葱花即成。

烹饪细节

1. “梳子背”指的是一边厚、一边薄的片状，形状像梳头的月牙形梳子，最好使用锋利且较薄的片刀操作。
2. 此菜无须见汤，加入少许汤汁是为了让调味品充分溶解。

鱼香茄饼

烹饪原料

茄子300克　去皮猪肉150克（肥三瘦七）　熟火腿20克　金钩15克　鲜笋50克　鸡蛋3个　泡红辣椒末50克　姜米10克　蒜米10克　食盐5克　白糖15克　干豆粉80克　水豆粉20克　细葱花20克　料酒30毫升　酱油30毫升　香醋10毫升　清汤200毫升　精炼油1000毫升（约耗250毫升）

烹饪步骤

1. 茄子去皮，切成两刀一断的圆形夹片（刀深约2/3）；猪肉剁成细碎肉；火腿切为细丁；鲜笋煮熟、漂冷后切成细丁；金钩洗净后宰成细粒。
2. 将猪碎肉加入火腿丁、笋丁、金钩粒、料酒、酱油、水豆粉、少许清汤搅拌成馅心，并酿入茄片中成茄饼生坯待用；鸡蛋加入干豆粉充分搅打成较为浓稠的全蛋豆粉。
3. 锅内入精炼油烧至五成热时，将茄饼生坯立着在全蛋豆粉中滚一圈，使其边缘充分粘裹上全蛋豆粉，再将其放入油锅中微炸1分钟定型，捞起沥干余油。
4. 将全蛋豆粉稍加稀释后调匀，放入定型后的茄饼，至全身均裹上全蛋豆粉，然后再放入油锅中炸至色泽金黄后捞出，沥干余油。
5. 另起一锅烹制适量的鱼香味汁（制作方法参见本书“鹅黄肉卷”）。
6. 取一只圆形平盘，将茄饼按“三叠水”的方式摆放在圆盘一侧，另一侧以新鲜食用花草作装饰，然后将鱼香味汁浇淋在茄饼上即成。

烹饪细节

1. 用全蛋豆粉制作的茄饼，不仅颜色好看，而且口感更酥香。
2. 制作步骤之三的目的，一是让茄饼定型；二是可防止肉馅散落出来，并保持其鲜嫩度。

如意竹荪肝膏汤

烹饪原料

黄沙猪肝300克　鸡脯肉100克　水发竹荪10根　鸡蛋3个
去皮青笋1根　去皮红萝卜1根　菜心5根　豆粉25克　生姜5克
大葱5克　胡椒粉0.5克　味精0.3克　食盐15克　料酒10毫升化
猪油20毫升　特级清汤1500毫升　蛋清豆粉20克

烹饪步骤

1. 黄沙猪肝去尽筋膜，用搅拌机搅打成泥，加入150毫升特级清汤、料酒调稀后滤去粗渣；菜心、竹荪煮熟后置冷水中漂冷，再用剪刀剪开成大片；青笋、红萝卜切成二粗丝，入开水中氽断生后漂冷；胡椒粉用30毫升特级清汤浸泡后取汁。
2. 鸡脯肉去尽筋膜，用搅拌机搅打成鸡肉蓉，加化猪油、特级清汤、食盐、胡椒汁、水豆粉搅拌成鸡糁。生姜、大葱拍破，用30毫升特级清汤浸泡后取汁。
3. 搌干竹荪上多余的水分，抹上鸡糁，在两端分别摆上1根青笋丝、红萝卜丝，对裹成“如意”形，上笼蒸熟后横切成“如意”片。
4. 在猪肝泥中加入鸡蛋、姜葱汁、胡椒汁、食盐搅匀，装入汤碗内，用小火蒸约15分钟成肝膏，出笼后，将如意竹荪用蛋清豆粉粘在肝膏上做成花形，再入汤碗中蒸半分钟后出笼；特级清汤烧开，加入食盐、味精调匀，轻轻灌入汤碗中，摆上菜心即成。

烹饪细节

为了保持菜品造型的美观度，后续流程可用蒸制肝膏的原配汤碗，在上面摆上如意竹荪，再灌入清汤。

川菜必将在继承传统的基础上不断创新发展。让川菜流香于世，流芳于世而永续传承，既是川菜产业发展的宏大愿景，也是广大川菜美食爱好者的美好心愿。

清汤蝴蝶竹荪

烹饪原料

龙利鱼肉150克　水发竹荪150克　鲜银耳1朵　嫩菜心叶50克　熟冬笋20克　红萝卜50克　青笋30克　蒜薹2根　干豆粉50克　黑芝麻1克　食盐1.8克　味精1克　胡椒粉1克　水豆粉30毫升　料酒20毫升　鸡蛋清4个　化猪油60毫升　特级清汤1000毫升

烹饪步骤

1. 水发竹荪用开水氽一水后漂冷；龙利鱼肉切片后放入搅拌机中，加入化猪油、一半鸡蛋清、食盐、胡椒粉、料酒、特级清汤搅打成鱼糁；在另外一半鸡蛋清中加入干豆粉调成蛋清豆粉；取青笋、红萝卜、冬笋各10克煮断生，漂冷后切成长约2厘米的细丝；蒜薹煮断生后漂冷，横切成小圆片；将剩余的红萝卜、冬笋切成细粒；整朵鲜银耳煮熟；嫩菜心煮断生后用清水漂冷。
2. 竹荪用剪刀剪开，用干净毛巾搌干多余的水分，整齐平铺在不锈钢托盘上（为操作方便，可将托盘底部向上，并垫上一层保鲜膜），然后在竹荪片上均匀地刮上一层蛋清豆粉，再抹上约5毫米厚的鱼糁。
3. 将不锈钢托盘入笼用小火微蒸（火力不能大，可将蒸柜门留一条缝）至鱼糁定型后取出，待其稍微冷却后用模具压成蝴蝶形，再将红萝卜丝、青笋丝、冬笋丝分别粘在蝴蝶身段上，蔬菜粒粘在蝴蝶的翅膀上，最后用黑芝麻做成眼睛，用稍长的蔬菜丝做成触须，将制作完成的蝴蝶再次入笼微蒸30秒钟。
4. 取一大圆盘，在中央放上煮熟的银耳，沿盘边间隔摆上几片嫩菜心，然后用铲刀小心取下蝴蝶竹荪，围着圆盘摆放一圈；特级清汤入锅中烧开，加入食盐、味精调好味后倒入大圆盘内，让蝴蝶漂浮即成。

烹饪细节

1. 一定要选用形态完整、无破损的竹荪。
2. 鱼糁要制作得干一点，不可太稀，否则难以成形。
3. 鱼糁一定要能浮在汤面上，可用小碗装入清水，放一点鱼糁试一试漂浮效果。鱼糁厚薄一定要抹均匀，且表面光滑。
4. 蛋清豆粉内不能残留成团的豆粉粒。
5. 粘蔬菜丝、蔬菜粒的时候，颜色要岔开。

竹荪鸽蛋汤

烹饪原料

鸽蛋10个　水发竹荪80克　绿色菜心30克　食盐0.5克　胡椒粉0.2克　特级清汤1000毫升　精炼油5毫升

烹饪步骤

1. 竹荪切成长约4厘米的段，将其剖开后入开水中汆熟，再放入清水中浸泡待用；绿色菜心汆断生后迅速用清水漂冷。
2. 准备10个圆形小碟，抹上精炼油；鸽蛋破壳，分别打入小碟内，用小火蒸熟后摆入10个小汤碗内，再放入三片竹荪，旁边摆上一小棵菜心。
3. 锅内入清汤烧开，加入食盐、胡椒粉、味精调好味，将汤汁逐一注入小汤碗内即成。

烹饪细节

1. 此菜汤清味鲜、营养丰富，虽然是清汤菜，但熬制清汤的时间要足够，而且颜色还不能太深，以浅茶色为好。
2. 盛鸽蛋最好选用浅汤碗，这样更能衬托出鸽蛋和竹荪的色泽和通透感。

芙蓉八丝汤

烹饪原料

熟猪肚50克　熟猪舌50克　熟猪心50克　熟鸡肉50克
熟冬笋50克　水发海带50克　去皮青笋1根
去皮红萝卜2根　鸡蛋5个　食盐3克　水豆粉20克　胡椒汁3毫升　清汤500毫升　化猪油20毫升

烹饪步骤

1. 将猪肚、猪舌、猪心、鸡肉、冬笋、海带均切成约0.4厘米见方，长约8厘米的粗丝；青笋、红萝卜切成厚约4厘米的长片，用开水煮断生后漂冷；用一根红萝卜雕刻成小花，入水中煮断生。
2. 鸡蛋加食盐、胡椒汁、清汤、化猪油、水豆粉调匀，倒入一圆形汤盅中，上笼蒸成芙蓉嫩蛋，然后将各种原料丝按荤素相隔、颜色相间的方式摆放在芙蓉嫩蛋上；清汤中加入食盐、味精烧开，轻轻倒入汤盅中，在中央摆上用红萝卜雕刻成的小花即成。

烹饪细节

1. 食材切丝一定要保证长短、粗细一致。
2. 灌汤时要缓慢注入，以免冲乱摆好的丝状食材，汤可以少一点，以刚好淹没食材为准。为了确保形态完好，可在餐桌上面对客人灌入汤汁，其仪式感更强。

烹饪原料

黄秧白菜嫩心（或娃娃菜菜心）250克　食盐5克　胡椒粉1克
料酒0.5毫升　特级清汤1000毫升

烹饪步骤

1. 白菜心洗净后对切成4瓣，入沸水氽断生后捞起，立即浸入冷水中漂冷；将漂冷后的白菜心整齐摆入大汤碗内，再掺入特级清汤，调入食盐、胡椒粉、料酒，入笼蒸约两分钟后取出。
2. 在余下的特级清汤中加入食盐、胡椒粉烧开；滗去大汤碗中蒸制后的汤汁，将烧开的清汤舀入大汤碗中将白菜心烫涮一次，再次滗去汤汁不用。
3. 最后再次注入烧好的清汤，将白菜心淹没即可。

烹饪细节

1. 此菜汤味鲜美，菜形美观，口感鲜嫩，汤色清亮如水，故名“开水白菜”，因此要求汤色亮如蛋清，千万不可过深。
2. 为了确保菜心鲜嫩的颜色，在氽水断生后，必须立即浸入冷水中漂冷，此步骤不可省略；另外，将白菜心用特级清汤烫涮一次，是为了去除白菜心的生涩味，使汤鲜味得以融入白菜心中。
3. 传统做法多用黄秧白菜心，但存在季节性限制，所以，在现代餐饮中多推荐使用娃娃菜。此外，也可采用大白菜的菜心。摆盘时应将菜心的叶面部位朝上，根茎部位朝下，能让人看得见菜叶的纹理，这样会表现得更为丰富、有型。

开水白菜

凤翅芙蓉

烹饪原料

优质大米细粉350克　上等糯米细粉150克

去骨红烧鸡翅肉200克　熟冬笋30克　大葱白10克

食盐0.3克　味精0.2克　红烧鸡翅汁30毫升

化猪油100毫升　精炼油80毫升　红色火龙果汁30毫升

烹饪步骤

1. 去骨红烧鸡翅肉、熟冬笋均切成绿豆大小的丁；大葱白切成细丁，将三种丁装入盒内，加入红烧鸡翅汁、食盐、味精拌匀，用保鲜膜封好，放入冰箱冷冻约20分钟成鸡翅馅心。
2. 将大米粉、糯米粉加清水揉匀成米团，再捏成厚约3厘米、长约6厘米的片，放入垫有纱布的蒸笼内将其蒸熟后取出；在案板上抹少许精炼油，将蒸好的米片放在案板上，一边揉，一边趁热加入化猪油（20毫升）揉均成团。
3. 取一半揉好的米团，分别搓成两根直径约4. 5厘米及2. 5厘米的圆条，其中一条加入火龙果汁揉匀后再搓成长条。
4. 在刀上抹上精炼油，将米条切成厚约0.5厘米的圆片，再分别包上鸡翅馅心。
5. 将火龙果米条分为一粗、一细两根，先切成节，再压成片。取大小圆片各5张做成花瓣，大的花瓣在外层，小的花瓣在内层，把包好的馅心放在花瓣中心做成花朵形。
6. 将花瓣的边沿捏成荷叶边成芙蓉花形，上笼用中火蒸约30秒即成。

烹饪细节

1. 米团不可太软，但一定要蒸至熟透。
2. 馅心一定要熟，因为点心的蒸制时间较短，如果蒸制时间过长，容易造成变形。

翡翠烧卖

烹饪原料

鲜虾仁100克　猪瘦肉100克　熟猪肥肉50克　中筋面粉500克　豆粉100克
菠菜400克　食盐2克　胡椒粉0.2克　味精0.5克　鸡蛋清1个　葱白3克
姜汁0.2毫升　香油1毫升

烹饪步骤

1. 菠菜洗净，用榨汁机打成浆，用干净纱布滤出菠菜汁；在面粉中加入菠菜汁、鸡蛋清揉匀成绿色面团。
2. 猪瘦肉剁细；熟猪肥肉和虾仁切成小丁；葱白切成细粒；将它们倒入盛器中，加入食盐、胡椒粉、味精、鸡蛋清、葱白粒、姜汁、香油拌成馅心。
3. 绿色面团揉匀、搓长，揪成40个面剂，先用干豆粉粘一下，再用擀面杖逐个擀成直径约11厘米的圆薄面皮，将每张面皮的两面都粘上豆粉，然后把4张面皮叠在一起（共10叠），用擀面杖将面皮边缘压制成荷叶边，再将面皮分开成4张，逐一包入馅心，并收拢成小圈，做成大白菜形状的烧卖生坯。
4. 锅内入清水烧开，将烧卖生坯入锅蒸2分钟后揭开笼盖，用喷水壶在烧卖上喷洒一次清水，继续蒸2分钟，再揭开笼盖喷洒一次清水，继续蒸2分钟至熟后出笼即成。

烹饪细节

用喷水壶在烧卖生坯上喷洒清水的目的，一是利于烧卖顶部熟透；二是湿润烧卖表皮的干豆粉，否则蒸制出来后会在皮面上会留下白点，影响美观和口感。

白菜米饺

烹饪原料

熟大米粉团500克　白芝麻100克　面粉50克
菠菜100克　熟花生细粉10克　化猪油30毫升
熟精炼油50毫升

烹饪步骤

1. 白芝麻入锅炒香，用擀面杖压细；面粉入锅炒熟，加入熟花生细粉、化猪油揉匀成馅心。
2. 菠菜洗净后切成细粒，用干净纱布包好挤压取汁。
3. 取1/3熟大米粉团，加入菠菜汁揉匀，入笼蒸1分钟取出晾冷。
4. 将另外2/3熟大米粉团加入10毫升熟精炼油揉匀，再分成250克、100克两部分，均搓成长形米条；将绿色大米粉团分为两部分，分别包上两根白色米条，先搓成一大一小两个圆条，再切成圆片，然后按扁成直径约10厘米和8厘米的圆皮。
5. 取小圆皮包上馅心，将绿色边沿向上做成白菜心的造型，再将大圆皮包在白菜心外面，同样是将绿色边沿向上做成白菜叶的形状，然后将白菜心和外面一层白菜叶的边沿捏成荷叶边即成。

烹饪细节

1. 白菜米饺的颜色搭配不宜太艳，力求雅致、美观。
2. 米饺倒放、竖放均可，但一定要保证形态完整。
3. 入笼蒸一下热食或直接冷食均可。
4. 大米粉团制作方法：细大米粉700克，细糯米粉300克，将两种米粉用清水揉制成团，再压成厚约4厘米，宽约6厘米的扁长条，并将其围成一个圆圈，用旺火蒸20分钟取出晾冷，然后再加入250毫升化猪油揉制成团，即成为可用于制作多种米制点心的皮料。

四喜米饺

烹饪原料

熟大米粉团600克　鸡蛋3个　水发香菇30克　去皮芦笋80克　去皮红萝卜80克　鲜虾仁150克　熟冬笋尖50克　大葱白5克　食盐2克　味精0.1克　熟水豆粉芡15克　干豆粉2克　嫩肉粉0.5克　胡椒粉0.1克　香油0.2毫升

烹饪步骤

1. 水发香菇、芦笋、红萝卜均切成大片，入开水中煮熟后用清水漂冷，搌干水分再分别切成细粒；鸡蛋仅取蛋黄，加入豆粉调匀，入笼蒸熟后取出晾冷，再切成与上面三种原料同样大小的细粒待用。
2. 鲜虾仁用嫩肉粉码制10分钟后用清水冲洗干净，滤干多余水分，入开水氽断生后晾冷，与冬笋同样切成绿豆大小的丁；大葱白洗净后切成细粒。
3. 将上述各种原料加入食盐、胡椒粉、味精、香油、熟水豆粉芡拌匀成虾仁馅心。
4. 将熟大米粉团分成30个剂子，先压成直径约5厘米的圆皮，再填入虾仁馅心，对叠两次后，形成四个小孔，并把四个小孔的形状、大小调整到一致，再把香菇细粒、芦笋细粒、红萝卜细粒、蛋黄蒸糕细粒分别装入4个小孔内，入笼蒸20秒即成。

烹饪细节

1. 制作四喜米饺时，需要将四个角调整均匀，食材的颜色搭配要合理。
2. 米饺的造型不可太高，宜用小火蒸制。

梅花米烧卖

烹饪原料

熟大米粉团600克　猪肉末300克（肥三瘦七）　大葱白末20克　食盐3克　味精1克　去皮红萝卜50克　姜末5克　熟咸鸭蛋黄6个　酱油2毫升　料酒3毫升　化猪油80毫升　精炼油50毫升

烹饪步骤

1. 锅内下精炼油、化猪油烧至五成热时，将猪肉末入锅炒散，再下食盐、酱油、料酒、姜末翻炒至熟后出锅，加入味精、大葱白末拌匀成猪肉馅料，入冰箱冷藏10分钟。
2. 红萝卜煮熟后切成细粒；熟大米粉团加入熟咸鸭蛋黄揉匀后搓成长条，先切成40个圆形剂子，再分别压成直径约10厘米的圆皮，包入猪肉馅料后，先捏成高桩形，再做出5个花瓣成梅花形，入笼蒸热即可（因为都是熟料）。
3. 在出笼后的米制梅花烧卖中放上红萝卜细粒做成花蕊装盘即成。

烹饪细节

1. 米坯调色用熟咸鸭蛋黄最好，用熟鸡蛋黄也可以。
2. 梅花高桩不要太高，否则易倒塌。
3. 将猪肉馅料放入冰箱冷藏，可使馅心成团，更便于包制。此外，也可将猪肉馅料改为甜馅，但一定不能太过油腻。

玉兔凉饺

烹饪原料

熟大米粉团500克　干红枣100克　蜜红樱桃5颗　绿色蔬菜叶100克　花生粉30克　白糖20克　化猪油20毫升　精炼油500毫升（约耗50毫升）

烹饪步骤

1. 干红枣洗净，入笼蒸软后取出晾冷，去掉枣核剁成泥，再加入花生粉、白糖、化猪油揉匀成枣泥馅心。
2. 绿色蔬菜叶洗净，搌干水分后切成细丝；锅内下精炼油烧至四成热时，用小火将菜叶丝炸成绿色菜松起锅，用吸油纸吸去多余的油脂，晾冷后在盘内铺平作为“草坪”；蜜红樱桃切成绿豆大小的丁。
3. 将熟大米粉团分成25个剂子，分别包入枣泥馅心做成白兔形，用剪刀剪出兔子耳朵，再将剂子的另一头压扁，用剪刀剪出兔脚，用蜜红樱桃镶在兔头的两边做成眼睛，最后将米兔放入垫有绿色菜松的盘内即成。

烹饪细节

1. 馅心不宜包得太多，否则不利于造型。
2. 如果喜欢甜味，可在米坯皮料中适当添加一点白糖。

白玉眉毛饺

烹饪原料

熟大米粉团600克　无刺鱼肉250克　鸡蛋清2个　豆粉30克　水发口蘑20克　食盐2克　大葱末10克　姜末3克　味精0.3克　料酒2毫升　化猪油30毫升　精炼油20毫升

烹饪步骤

1. 鱼肉片成大片，加鸡蛋清、豆粉、料酒、食盐拌匀，入开水锅内氽熟后出锅晾冷，再切成绿豆大小的丁；口蘑用水煮后切成绿豆大小的丁；将两种丁加入化猪油、大葱末、姜末、食盐、味精拌匀成馅心。
2. 将熟大米粉团搓成长条，先切成30个剂子，再压成直径约8厘米的圆片，包入馅心，然后对折相叠成半圆形，将封口处均匀捏上花纹即成。

烹饪细节

1. 该饺色白如玉，形如眉毛，故称“白玉眉毛饺”。
2. 馅心不宜包得太满，形态以修长为好。
3. 眉毛饺的花边应均匀，按压圆皮时可在案板上抹一点精炼油。
4. 眉毛饺生坯做好后应保持湿度，不宜久放。

柳眉酥

烹饪原料

油水面团360克　油酥面团200克　蜜桂花糖馅料200克　化猪油2000毫升（约耗150毫升）

烹饪步骤

1. 在油水面团中包入油酥面团，封好口，擀成大面皮，先卷成圆筒，搓成长条，再稍微按扁，切成厚约0.8厘米的短节，然后擀成厚约0.3厘米，长约6. 5厘米，宽约6厘米的椭圆片，逐一填入蜜桂花糖馅料，并对叠成半圆形，在封口处捏上花边制成柳眉酥生坯。
2. 锅内下化猪油烧至约五成热时，将柳眉酥生坯逐一放入锅中，用小火慢慢浸炸至起酥、成形后出锅，滤干余油入盘即成。

烹饪细节

1. 柳眉酥的形状应略微瘦长一点，这样更显美观。
2. 开酥时应注意保持酥层的完整性，千万不要造成烂酥的后果。

玫瑰层层酥

烹饪原料

油水面团650克　油酥面团300克　食用鲜玫瑰花瓣30克　白砂糖400克　炒面粉50克　蜜樱桃15颗　化猪油2000毫升　干净竹制牙签32根

烹饪步骤

1. 玫瑰花瓣洗净后搌干多余的水分，与白砂糖、炒面粉、化猪油（100毫升）、炒面粉一同揉匀成玫瑰花馅料；蜜樱桃对剖为两半。
2. 将油水面团、油酥面团分别揪成32个剂子，把油酥面剂子逐一包入油水面剂子中，封好接口，用擀面杖逐一擀成牛舌形，然后从两头对叠至中心，再对叠成四层，用擀面杖擀成油水面皮。
3. 将油水面皮顺长边卷成圆筒形，搓成长条后将其压扁，再切成小段，擀成皮料，逐一包入玫瑰花馅料，并将其稍微压扁成圆饼生坯。
4. 用锋利的小刀逐一从圆饼生坯的侧面轻轻划一圈，深度约0.5厘米（不能划到馅心），再在每个圆饼生坯的中央插入一根牙签。
5. 在深平锅内放入化猪油，烧至约四成热时，放入圆饼生坯，用小火持续加温，直至将圆饼生坯炸出层次蓬松、色白皮酥时起锅，滤去多余的浮油，轻轻拔出牙签放入盘内，最后在每个酥点的顶部中心放上半颗红樱桃作为装饰即成。

烹饪细节

1. 本款点心的这种包酥方法称为“小包酥”；另外一种包酥方法是将油酥面一次性包入油水面团中，先封好口，再擀压成大皮，这种方式称为“大包酥”。
2. 擀面皮时，一定要两手用力均匀，否则容易烂酥。
3. 在圆饼生坯中心插入一根竹签，是为了防止最上面的酥皮脱离。
4. 在取出竹签时，可捏住竹签轻轻转动一下使其松动，这样既便于抽出，也不会损坏点心的造型。
5. 油水面团的制作方法：将500克面粉、120克化猪油、180毫升清水揉成面团即成，可用于酥炸和烤制点心的制作。
6. 油酥面团制作方法：将500克面粉、250克化猪油揉成面团即成，可用于酥炸和烤制点心的制作。
7. 可根据需要将油水面团和油酥面团中的化猪油改为精炼油。

太极酥

烹饪原料

油水面团360克　油酥面团260克　玫瑰糖馅100克
白芝麻糖馅100克　蜜樱桃10颗　火龙果汁10毫升
白色蛋糕奶油10克　化猪油2000毫升

烹饪步骤

1. 将油水面团平均分成为两部分，其中一半加入火龙果汁揉成粉红色面团；蜜樱桃对剖为两半。
2. 在粉红色和白色油水面中包入油酥面，封好口，擀成大面皮，再由外向内卷成圆筒，将圆筒稍微搓一下，切成厚约1厘米的圆片。
3. 在粉红色圆片中包入玫瑰糖馅，再对叠成半圆形；在白色圆片中包入白芝麻糖馅，再对叠成半圆形。
4. 取粉红色、白色生坯各一片对放在一起组合成圆形，在交接处两头抹一点清水粘牢。先捏出花边，再进一步做成太极图案的生坯。
5. 锅内下化猪油烧至五成热时，将太极酥生坯放入锅中炸制，待起酥、成熟后装入盘中，在白色部分放上半颗红樱桃，粉红色部分先放上一半切去顶部的红樱桃，然后再在红樱桃上，用白色奶油挤出一个与红樱桃大小一致的白色奶油小圆珠即成。

烹饪细节

1. 在太极酥生坯的两头交接处抹上一点清水捏牢，可避免油炸时分离。
2. 太极酥是由两个眉毛饺拼合而成，在制作生坯的时候，要做到大小一致、厚薄均匀，这样才能保证两半完全对称。

凤尾酥

烹饪原料

面粉500克（高筋粉、中筋粉各250克） 清水250毫升
红豆沙（或玫瑰）糖馅350克 化猪油280毫升
精炼油2500毫升（约耗250毫升）

烹饪步骤

1. 取一圆形浅蒸格，用粗铁丝做一个高约30厘米的提手固定在蒸格边缘上。面粉加清水揉成光滑的面团，醒面约20分钟，再擀成面片。
2. 锅内入清水烧开，将面片入锅煮熟后捞起，滤干余水，先用绞磨机粉碎成细泥，再揉成面团。
3. 将化猪油分5次加入到面团中揉匀成油面团，放入冰箱冷藏5分钟后取出，分成每个重约40克的面剂，稍微按扁后包入糖馅，再进一步加工成上薄下厚的斧头形生坯。
4. 锅内下精炼油，烧至190℃时（用油温计测量），将斧头形生坯厚端固定在蒸格上，缓缓放入锅中距油面约15厘米处进行浸炸，此时，生坯中原有的油脂成分，会随着油温的升高而不断往外渗出，使生坯逐渐形成状若凤尾的蜂巢状网丝。
5. 当生坯炸出凤尾状网丝，颜色接近深象牙黄时，将蒸格轻轻提出油面，待其晾冷后装盘即成。

烹饪细节

1. 面团中一定不能含有面粒，如有必要，可用擀面杖将其碾碎。
2. 由于制作该点心生坯耗时较长，所以可将先做好的生坯放入冰箱中微冻。
3. 在浸炸过程中，要密切关注油面高低和油温变化，点心生坯浸入油中的深度不可太浅，否则凤尾成形不够美观，但也不能太深，使凤尾拉得太长，这样容易导致断裂，这样炸制而成的凤尾形态才更为顺滑、美观。

荷花酥

烹饪原料

油水面团360克　油酥面团200克　干莲子100克　白糖150克

炒面粉40克　火龙果汁20毫升　化猪油2000毫升

烹饪步骤

1. 取120克油水面团，加入火龙果汁揉匀，下成15个剂子，余下的油水面团同样下成15个剂子；油酥面团下成30个剂子。
2. 在两种不同颜色的油水面剂子中，分别包入油酥面，先擀成牛舌形长条，再对叠至中心线，然后再对叠一次；将白色油水面放在外层，红色油水面放在里层做成油水面皮料。
3. 干莲子用清水泡涨后去芯，入笼蒸至熟透后取出晾冷，先压成莲子泥，再加入白糖、炒面粉、化猪油（50毫升）揉制成莲子馅料。
4. 用油水面皮料逐一包入莲子馅料，封好口，轻轻搓成高约5.5厘米的圆柱形，再用小刀从圆柱顶部向下交叉划三刀，刀深约0.5厘米，长度至圆柱1/2处。
5. 锅内下化猪油烧至五成热时，将点心生坯放入锅中，用小火慢慢浸炸，待生坯花瓣逐渐散开，再继续炸至皮酥味香、花瓣层次清晰且定型后出锅，先滤去余油，再用吸油纸吸去浮油装盘即成。

烹饪细节

1. 在炸制点心生坯时，应将划有刀口处向上，油温不能太高，以五成热为宜（约100℃），否则荷花酥成形不够美观。
2. 应保持点心外皮色白的特点，切忌油炸后变为黄色。

珊瑚雪莲卷

烹饪原料

熟大米粉团500克　草莓果酱150克　白糖20克

蜜樱桃1颗　熟精炼油100毫升

烹饪步骤

1. 在熟大米制品团中加入50毫升精炼油揉匀，再擀成厚约0.5厘米的米皮，并在1/3处均匀地抹上草莓果酱，然后从抹有果酱的一头开始，卷成直径约2厘米的圆条。

2. 将圆条斜刀切成长约5厘米的马耳朵形，逐一摆入大圆盘内，由外向内摆成一朵雪莲花形，在居中位置放上一颗红樱桃即成。

烹饪细节

1. 为保证米卷切口整齐、美观，切米卷的刀应薄而锋利。
2. 雪莲卷应从外向内一层一层码放，这样更具立体感和层次感。
3. 熟大米粉团的制作方法，请参照“白菜米饺”。

翡翠玉杯

烹饪原料

熟大米粉团500克　琼脂（鱼胶）30克
白糖80克　蜂蜜20毫升　绿色蔬菜汁80毫升
熟精炼油50毫升

烹饪步骤

1. 琼脂加清水入笼蒸化，加入绿色蔬菜汁、蜂蜜、白糖（30克）调匀成翡翠冻汁，再分别舀到多个圆形酒杯中晾冷成形。
2. 余下的50克白糖用开水融化后晾冷。
3. 将熟大米粉团分成25个剂子，先捏成酒杯雏形，再将杯口和杯底捏上花边，并在杯口下方的对称位置各捏出一个杯耳造型。
4. 把翡翠冻分别装入米制酒杯中，再舀入少量糖水即成。

烹饪细节

1. 在制作点心时，可在案板和手上抹一些熟精炼油。
2. 玉杯的杯底不能做得太小，杯柱也不能太细，否则容易倾斜或倾倒。
3. 调制翡翠色用菠菜汁或其他绿色蔬菜汁均可。
4. 熟大米粉团的制作，请参照“白菜米饺”。

玉鹅戏碧波

烹饪原料

熟大米粉团600克　花仁蜜饯馅料100克　琼脂（鱼胶）30克

菠菜100克　黑芝麻10克　咸鸭蛋黄1个　鸡蛋清1个　精炼油50毫升

烹饪步骤

1. 菠菜洗净后切细，用干净纱布挤出菜汁；琼脂加清水入笼蒸化后取出，加入菠菜汁调匀成翠绿色；取一大圆凹盘，倒入绿色琼脂汁，使之成为“湖水”。
2. 取50克熟大米粉团，加咸鸭蛋黄揉匀；另取400克熟大米粉团搓成长条，分成20个剂子，按压成圆皮，分别包入花仁蜜饯馅料，再进一步加工出鹅身、鹅头、鹅颈。
3. 用加有咸蛋黄的米团做出鹅嘴、鹅冠和鹅掌，并将其与鹅身组合在一起。
4. 用余下的150克熟大米粉团做成20对翅膀，并用点心梳按照左右不同走向压上羽毛状花纹，将翅膀抹上鸡蛋清粘在鹅身两侧，点缀上黑芝麻做成鹅的眼睛，然后对鹅颈和翅膀加以调整，使其更为生动。
5. 将做好的玉鹅放入已上汽的笼中蒸制约10秒钟取出（直接冷食也可），放入琼脂冻的圆盘中即成。

烹饪细节

1. 鹅的造型力求多姿多样，否则会因姿态单调而显得过于呆板。
2. 馅心不宜包得太多，这样更利于塑形。
3. 如果喜欢食甜，也可在米团皮料中加一点白糖。
4. 熟大米粉团的制作方法，请参照“白菜米饺”。

鸳鸯叶儿粑

烹饪原料

糯米汤圆粉500克　大米粉200克　菠菜200克　猪瘦肉140克　猪肥肉60克　碎米芽菜5克　味精0.1克　食盐0.5克　酱油0.3毫升　姜粒2克　白芝麻糖馅120克　蜜樱桃10颗　鲜芭蕉叶1张　化猪油80毫升　精炼油50毫升

烹饪步骤

1. 猪肉剁细；锅内下化猪油烧至四成热时，将猪肉入锅炒散，再下酱油、食盐、姜粒、碎米芽菜炒香，最后下味精炒匀成猪肉馅料，出锅晾冷后待用；将糯米粉与大米粉充分混合均匀，再均分成两部分。
2. 菠菜洗净，用榨汁机打成汁，再用纱布滤出菜汁，加入到1/2混合米粉中揉成绿色米团，另外1/2混合米粉加清水揉成白色米团；芭蕉叶洗净，切成宽约13厘米，长约16厘米的长方形芭蕉叶25张，入沸水中氽一下迅速用冷水漂冷，捞出擦干水分后，在一面抹上精炼油。
3. 将两种颜色的米团分别下成25个剂子，在白色剂子中包入白芝麻糖馅，搓成长约6厘米的条状生坯；绿色剂子包入猪肉馅料，同样搓成长约6厘米的条状生坯，在每一张芭蕉叶中包入一个绿色和白色叶儿粑生坯。
4. 锅内入清水烧开，将包好的鸳鸯叶儿粑入笼蒸熟，出笼后，在白色叶儿粑的顶部放一小块红色蜜樱桃以示甜馅即成。

烹饪细节

1. 将芭蕉叶用沸水烫一下，既可使叶质变软，方便包裹米团，又可去除草腥味；烫制后用冷水迅速漂冷，是为了保持芭蕉叶的翠绿色。
2. 所谓“鸳鸯”，是指两种色、两种味（通常是一咸一甜），一个肉馅，一个甜馅，但前提是一定要好看，一定是两种不同的馅料。

烹饪原料

中筋面粉1000克　食盐3克　花椒3克
清水500毫升　精炼油800毫升

烹饪步骤

1. 花椒炒香后压成粉；150克面粉、食盐分别炒香，将炒制后的面粉、食盐、花椒粉加入150毫升精炼油调制成椒盐酥面；用清水将余下的面粉揉成光滑的面团，醒面约20分钟后分成10个面剂，再擀成大的牛舌形面皮。
2. 将椒盐酥面均匀地抹在牛舌形面皮上，先裹成圆筒，再将圆筒对剖成两半，每一半再对剖一刀，使每个圆筒均分为四条面坯。
3. 将切好的面坯刀口向下，用手捏住两端，边捏边拉长至16厘米左右，再将刀口向外，两头对折、盘好（像做麻花点心一样盘），然后轻轻压成圆形面饼生坯，剩余的面坯均以此法逐一完成。
4. 在平底锅内倒入650毫升精炼油，烧至四成热时，把盘好的面饼生坯逐一放入，将没有花纹的一面贴在锅底，不断轻轻转动，待煎炸至两面金黄时，用小锅铲将其铲出，滤去余油即成。

烹饪细节

制作此点一定要用子面，即用清水调揉而成的面，否则经过油煎后酥香度不够，而且面团的筋道也有所欠缺。

椒盐油旋饼

流
香

酥皮牛肉焦饼

烹饪原料

中筋面粉1000克　无筋牛肉1000克　郫县豆瓣酱50克
红油郫县豆瓣酱30克　大葱50克　花椒20克　生姜50克
豆豉10克　开水450毫升　醪糟汁5毫升　酱油10毫升
豆腐乳汁10毫升　熟牛油200克　熟菜籽油1500毫升

烹饪步骤

1. 将面粉倒在案板上，中间留一凹槽，倒入开水，用小擀面杖搅成团；熟牛油入锅蒸化，加入100毫升熟菜籽油搅匀，放入冰箱冷藏5分钟；牛肉剁碎；花椒、大葱一同宰成椒麻糊；将两种豆瓣酱混合后剁细；生姜、豆豉分别剁细；在剁碎的牛肉末中加入少许熟菜籽油和椒麻糊、混合豆瓣酱、姜粒、豆豉粒、醪糟汁、豆腐乳汁、酱油拌匀成牛肉馅料。
2. 从冰箱中取出混合油，放入面团中充分揉匀，再下成40个剂子，分别包入牛肉馅料，将封口向下摆放。
3. 取一较大的平底锅，倒入余下的熟菜籽油，烧至五成热时，将牛肉饼生坯封口向下逐一放入，用半煎半炸的方式，将两面煎炸至深金黄色时即成。

烹饪细节

1. 为保证牛肉焦饼外酥里嫩，用烫面才能达到这种效果。
2. 在煎炸过程中需要不断翻看饼坯，以免炸煳。
3. 牛肉馅料中一定要加入剁细的豆瓣酱、豆豉、葱、姜和花椒，方可体现出家常味的风味特点。

烹饪原料

高筋面粉500克　鸡蛋黄320克　干豆粉500克（约耗80克）
熟金华火腿50克　绿色菜心50克　食盐5克　特级清汤1000毫升

烹饪步骤

1. 将面粉堆放在木制案板上，中间留一凹槽，倒入鸡蛋黄揉成均匀的面团，再用拳头擂成长条形，放入盆内用湿毛巾盖好，醒发约20分钟。用3张60厘米见方的干纱布包上干豆粉，用绳子将封口处扎好。
2. 将醒发好的长面团均匀撒上干豆粉，裹在大擀面杖上用双手不断推压，然后抽出擀面杖，用力向下压出“十”字条纹，再将面皮小心展开、铺平，粘上纱布包中的干豆粉，裹上大擀面杖继续用双手推压，再次将面皮展开、铺平，用小擀面杖擀压面皮边缘，使之成为荷叶边，再次粘上干豆粉，裹上大擀面杖，用双手推压，抽出擀面杖，压出“十”字条纹。
3. 将上述过程反复五次（行业内称为“五推五压”），直至将面皮擀至厚薄均匀，透过面皮能看到书上的图文为止，然后将擀好的面皮撒上干豆粉，再叠成整齐的长条形。
4. 切下长条形面皮两头及边缘，用刀宰成碎末，再均匀地铺在案板上，用手工打造的切面刀（长约66厘米，宽约15厘米，重约1. 5公斤），将面皮切成约0.1厘米粗的金丝面。
5. 特级清汤入锅烧开，调入食盐，再分装入小碗内；熟火腿撕成细丝；绿色菜心用开水汩熟后装入小碗内；锅内入清水，待水开后下入金丝面，待其浮上水面，即可捞入装有特级清汤的小碗内，再撒上几根火腿丝即成。

烹饪细节

1. 此面制作工艺极高，面条能轻易穿过针孔，干燥程度能点火即燃，因面色如金，故名“金丝面”。
2. 成菜应凸显其细如金丝的感官特性，将特级清汤作为配汤，是为了体现金丝面的品质，面丝随波飘动，极具观赏性。
3. 揉制面团时，如果用压面机反复压制数次，也可达到相同效果；在推压面皮时，双手的力度一定要均匀，否则面皮厚度会不一样。
4. 将面皮边缘压成荷叶边，可增强面皮边缘的柔韧性，使其在接下来的压制过程中不易开裂。
5. 将面皮碎末铺在案板上，可填塞案板上凹凸不平的部位，以避免出现面皮未切断的现象。

大刀金丝面

滋味·让川菜生生不息

流香·让技艺代代相传